読む数学記号

瀬山士郎

角川文庫
20665

はじめに

数学は記号を使って研究を進める学問です。数学のこの性格が多くの数学ファンを生み出すと同時に、これまた多くの数学嫌いを生み出しているようです。和を表すΣや積分を表す∫などはとくに拒否反応が強いようです。漫画「サザエさん」でも指数記号がでたとたん、サザエさんが「わたし、これダメ」という拒否反応をしめす場面があります。また、ある講演会で数学的なパズルの話をしたとき、それまで快調に話を楽しみ、難しいパズルを難なく解いてきた男性が、対数記号logを出したとたん、「あっ、これ、俺ダメ!」と言って、会場に笑いがわき起こったことがありました。本当はその男性などはちょっと説明を聞けば、パズルで使った対数記号など難なく理解できたはずなのです。

一方で、数学記号の独特な雰囲気を楽しんでいる方も大勢いるようで、放送大学で一般の方を対象として講義をしたとき、ご高齢の女性が幾何学の問題を三角関数を使ってすらすらと解いたこともあります。この女性は数学が好きだったのでしょう。あるいはもと数学教員だった方かも知れませんが。

ところで、どうして数学は記号を使って研究をするのでしょう。数学は自然科学の一分野になっていますが、他の自然科学と大きく違っている点がありまず。それは扱う研究対象が抽象的な概念そのものだということです。概念はモノではありません。それは確かに私たちの思考の中に存在していますが、手で触ることはできません。そのような概念を一種のモノとして直接扱うためには、どうしてもそれを表す記号が必要です。概念そのものを記号で表現し、その記号を一定の規則に従って形式的に変形することで研究する。規則に従っての形式的な記号変形は、広い意味での計算といってもいいでしょう。こうして、数学は記号とその計算規則を使って研究を行っているのです。

しかし、記号が概念を表すとしたら、記号には意味があります。その意味を理解することが数学を理解する上でとても重要です。数学は確かに抽象的な記号を扱います。ですから、記号の形式的な変形規則を覚えることは、数学を学ぶ上で欠かすことはできません。しかし、その記号や変形規則が表している意味を理解できなければ、数学はまったく無味乾燥な学問になってしまいます。記号の意味を理解することで初めて数学の景色が見えてきます。記号の意味を理解するとは、自分がいま行っている計算がなんなのかを理解することです。

これからしばらく数学記号とその意味、使い方について、小学校から始めて説明をしていきましょう。

目次

第2章 その次の数学記号たち——中学校で学ぶこと

第3章　少し進んだ数学記号たち——高校で学ぶこと

第4章 もっと進んだ数学記号たち——大学で学ぶこと

小学校で数学記号？　と思う方もいるかもしれませんが、算数は立派な数学です。そして、数学は記号を使って展開される学問です。ですから、当たり前ですが、小学校でも数学記号たちが登場します。まず、その記号たちを紹介しましょう。

第1章 はじめての数学記号たち

―― 小学校で学ぶこと

1.1

1 2 3 4 5 6 7 8 9

【読み】 イチ、ニイ、サン、シ、ゴ、ロク、シチ、ハチ、キュウ

【意味】 いわゆる数字。個数などの多さや順番、順位などを表す。
自然数ともいう。

【使用例】 リンゴが1個。兄弟が3人。自動車が5台。名人戦4勝2敗。東京駅から数えて3番目の駅。

子どもたちが初めて学ぶ数学記号が数字です。数字を記号とは考えていない人もいるかと思いますが、数字は数を表す数学記号です。多くの子どもたちは小学校できちんと数字を学ぶ前から、普段の生活の中で父母や兄、姉たちが使う数字に接しているでしょう。縦1本棒の記号1が正確には何を意味しているのかは知らなくても、それを「イチ」と読むことや、それが個数や順番を表すことを日常生活の中から学んでいます。お風呂で、「20数えたら上がるからね」と言われ、「イチ、ニイ、サン、シイ、…、ニジュウ！」と数を数えた経験は大勢の人が持っているに違いありません。数詞が順番に唱えられることもとても大切なことですが、数詞を覚えそれを順番に唱えることと、数とは何かを理

解することは同じではありません。10までの数が数えられても、10という概念を理解しているとは限らない。ここに数理解の難しさの一つがあります。イチから始まる数詞を順番に唱えてみるのは決して悪いことではないでしょう。ただ、それがそのまま数を理解したことにはならないことを押さえておきましょう。

冗句を一つ。

「うちの犬は数が数えられるんですよ」
「ワン」
「なんだ、たった1までか、うちの猫なんか」
「ミー」

犬君は1が、猫ちゃんは3が言えたようですが、残念ながらワンちゃんもミーちゃんも「数とはなにか」は理解はしていないでしょう。

数の最初の出発点は、数とは個数（多さ）を表す概念だ、ということです。その概念を記号化したものが数字です。現在使われている数の記号はとてもうまくかつ精密に作られているのです。それは人が数千年もかけて創りあげてきたものでした。数を

表す記号としての数字にはとても大切な考え方があります。それを説明しましょう。数を表すための記号として一番簡単なものはなんでしょうか。それは縦棒|だと思われます。イチを|で、ニを||で、サンを|||で表すのはとても自然で、この記号により数が多さという概念を表すことも表現できます。しかも、この記号表現で、操作としてのたし算も簡単に表すことができます。

| たす || は |||

この記号ならたし算はとても簡単で、棒をひとまとめにすればよい。ちょっと＋記号と＝記号を援用すれば、

|||||||| ＋ |||||||||||| ＝ ||||||||||||||||||||

です。

たしかに記号を一緒にするのは簡単でしょう。しかし、縦棒の数が増えれば、たしていくつになったのかは分からないでしょう。この場合、繰り上がりは起きません。

あるいは、すべての計算で繰り上がっているともいえます。このように、この記号―では処理は簡単ですが、残念ながら計算の実用にはならないのです。

概念としての数を記号としての数字で表すことの大きな理由の一つは、記号を処理することで、数の演算ができるようになることです。その視点で見ると、縦棒記号―は残念ながら数を表す記号としては失格なのです。同じようなことはローマ数字、Ⅰ、Ⅱ、Ⅲ、…や漢数字一、二、三、…にもあてはまります。気になる方は、たとえば、漢数字でかけ算を実行してみてください。

五百十七
×　三十八

多分、頭の中で暗算をしないかぎり、いわゆる筆算はできないだろうと思います。子どもたちが普段使っている1、2、3、…で計算ができるのはなぜなのでしょうか。それは、いわゆる算用数字1、2、3、…にはローマ数字や漢数字にはなかった大きな特徴があるからなのです。それがローマ数字や漢数字にはなかった記号0です。

1.2

0

【読み】ゼロ（れい）

【意味】空っぽの状態を表す。位取り記数法では本質的に必要。

【使用例】テストで100点取れたと思っていたら、名前を書き忘れて0点だった（などということのないように）。

0、ゼロ、私たちは普段何気なく数字0を使っています。そのためにかえって、0がとても大切な数字記号だということにあまり気がつかないのではないでしょうか。そもそも数という概念が多さを表し、多さを比較するために生まれたとすれば、多さを数える動機のない、何もないことを表す数や記号は必要なかったでしょう。実際、普通の数に較べて、0という数が認識されたのはずっと後です。数学史をひもといてみれば、0は古代インドで発見され、六世紀頃には実際に0が使われていたようです。

0がなぜ大切なのか。

それは数字記号を使って数を表すとき、0がないと記号がどんどん増えてしまうことになります。数のところで説明したように、原理的には縦棒記号|が一つあればどんな大きな数でも

表すことができます。しかし、これがまったく実用にならないことはたし算一つをとってみても明らかでした。実際に大きな数を記号で表そうとすれば、その数に応じた記号が必要になります。たとえば、ローマ数字では10は記号Xで表されますが、100を表す記号は、XXXXXXXXXXではなく、Cでした。確かに200を表すためにXを20個書くよりは、CCと書く方が簡単です。漢数字でも100は十十十十十十十十十十ではなく百と書きます。ちょっと注意しておくと、100を表すために十を10個書く表記は本質的に間違っているわけではありません。ただ面倒くさい！のです。

ところが、0を使った10進位取り記数法ではたった10個の記号0、1、2、3、4、5、6、7、8、9だけを使ってどんな大きな数でも表すことができます。これが0の力です。10進記数法は小学生達が学ぶもっとも大切なことの一つです。

では10進記数法を説明します。

10進記数法は人の指が10本あったことから始まったといわれています。数を数えるのに10を一つの束として数える方法で、タイルが10個集まったら、それをまとめて1本と数え、1本が10本集まったらそれをまた一つにまとめて1枚（タイル100個）と、順に10のまとまりをつくって数を数えます。そして、ばらばらのタイルの数を表す場所、本のタイルの数を表す場所、枚のタイルの数を表す場所を決めて、それぞれを一の位、十の位、百の位として数を書く。これが位取り記数法の原理です。

こうすると、書く場所によって1から9までの数字が表す数が違ってくる。十の位に書かれた3は3ではなく30を表す。百の位に書かれた6は6ではなく600を表すことになります。この場合3や6の後に書かれた0はバラのタイルや本のタイルがないことを表す記号になるのです。0を使わず、ただ3と書いたのでは、3なのか30なのか300なのかの区別がつきません。

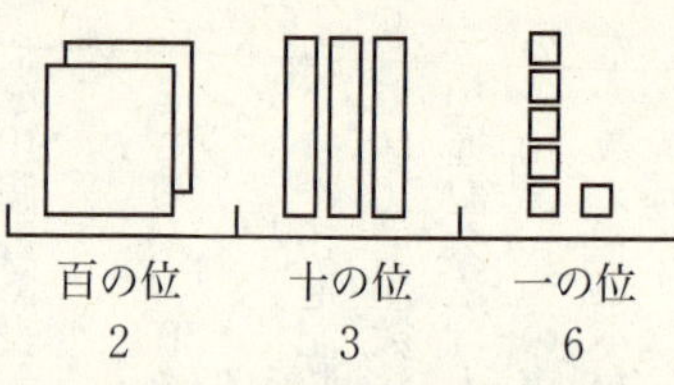

図1.1　位取り記数法の原理

こうして、0は単に何もないことを表すのではなく、入れ物はあるが中に何も入っていない状態を表すことになりました。「ない」のではなく「空っぽ」の状態を表す記号が0なのです。

0は計算についても特別な性質を持っています。

$$0 + n = n + 0 = n, \quad 0 \times n = n \times 0 = 0$$

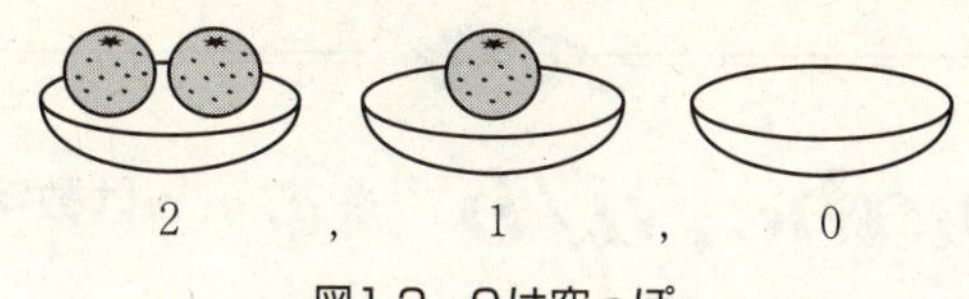

図1.2　0は空っぽ

がその基本ですが、それぞれ、ジュースの入ったコップ（n）の脇に空っぽのコップ（0）をおいても（＋）全体のジュースの量は変わらない、空っぽのコップ（0）がいくつあっても（×n）ジュースは空っぽのまま、というイメージで理解できます。少し進んでマイナスの数を学ぶと、0は正負のバランスの中心というイメージを持つようになりますが、それは後で説明します。

ここでは$n-n=0$と分配法則（$(a+b)\times c=a\times c+b\times c$という規則）だけを承認すると、$0\times n=0$が証明できることを紹介しておきます。

$$
\begin{aligned}
0\times n &= (1-1)\times n \\
&= n-n \\
&= 0
\end{aligned}
$$

1.3

0.*abc*, *a*/*b* ※*a*, *b*, *c* は数字

【読み】れいてん *abc*、*b* 分の *a*

【意味】0.*abc* は小数。長さや重さ、面積などの連続した量の単位未満を測るために、1単位の10等分を繰り返した単位を作り、小数点以下を表したもの。

a/*b* は分数で、代表的な解釈は、1単位を *b* 等分したものの *a* 個分や、*a*÷*b* など。

【使用例】リンゴ1個を2人でちょうど半分こにすると、1人分は小数なら0.5個、分数なら1/2個というい方もする。マラソンの距離はkmで表すと42.195km、砂糖をカップに半分なら砂糖1/2カップ。

小数、分数も数を表すための数学記号の一つです。日常生活では小数表記を多く使い、分数表記はあまり使いません。料理で、砂糖大さじ$\frac{1}{2}$とか、出汁(だし)$\frac{1}{2}$カップなどと使うほか、半分この意味で$\frac{1}{2}$などを使うくらいです。おそらく、普通の人は生涯$\frac{7}{13}$などという分数を使う機会はないのではないでしょうか。

分数を日常的に使用する人はあまりいない。それなのに小学生が分数を学ぶ理由はどこにあるのでしょう。そ

れも含めて小数から順に説明していきたいと思います。

小数

ものを数えるとき、人数や個数などは半端が出ることがありません。このように、数詞の問題を別にすれば1個、2個、…と数えることができる量を分離量といい、分離量の多さ（個数）を数えるために普通の数1、2、3、…が考え出されました。

ところがこの世界には「数える」ではなく「測る」ことが必要な量があります。長さや重さ、面積、体積などです。このような量を連続量といいます。連続量は数えることができないので、量を測るためには単位を決め、その単位で測るといくつになるか、と連続量を分離量化する必要があります。連続量を分離量化するというのは、その量の中に単位の量がいくつあるかを数えるということです。しかし、いつでもきっちりと単位で数えきることができるとは限りません。半端が出るのが普通です。そのとき、半端を測るために単位を10等分した量で測り、それでも半端が出る場合は、さらに10等分する、こうして10等分を繰り返すことで小数が生まれました。

長さでは普通はメートル（m）という単位を使います。その$\frac{1}{10}$がデシメートル

(dm)、$\frac{1}{100}$がセンチメートル（cm）です。さらに細かく$\frac{1}{1000}$のミリメートル（mm）と続き、$\frac{1}{1000000}$がマイクロメートル（μm）、$\frac{1}{1000000000}$がナノメートル（nm）です。日本では$\frac{1}{10}$のdmは普通は使いませんが、これは教室では使いやすい大きさの単位です。この単位を使って、2m13cm5mmなどと長さを表しますが、これを小数点を使い、2.135mと表記します。小数点は基準となる単位mの場所を表しています。

小数は10進記数法を1より小さい数にあてはめた記数法ですから、分かりやすく使いやすい表記です。ですから日常生活のなかで大きさを表すときには、普通は小数を使い、分数は特殊な場合を除いてあまり使いません。

分数

分数は―記号を使い、a、bを自然数として、

$$\frac{a}{b}$$

と表記します。これを普通は「b分のa」と読みます。

分数とはなにか、についてはいろいろな説明方法があります。代表的なものをあげると、

1　aをb等分した一つ分をa/bと書く。

2　b個集めるとaとなる量をa/bと書く。

3　1をb等分したものを$1/b$と書き、それのa個分をa/bと書く。

などです。ここでは3の解釈を使いましょう。a/bのaを分子、bを分母といいます。分母は単位$1/b$を表すための数字で、分子はその単位がいくつあるかを表す数字です。

普通の数は1を単位として数え、1のa個分がaです。つまり、47個なら1を単位として数えて47個分ということです。分離量の場合は何が単位となるかがあらかじめ定まっています。日本語ではそれを数詞として、人、台、匹、個、本、羽などさまざまな言葉で表現豊かに表しています。

この数の系列がいわゆる自然数の系列、

1, 2, 3, 4, 5, …

です。

一方、分数の場合は単位がいろいろある。$1/2$を単位とする分数の系列が

$\frac{1}{2}, \frac{2}{2}, \frac{3}{2}, \frac{4}{2}, \frac{5}{2}, \cdots$

となり、$1/3$を単位とする系列が

$\frac{1}{3}, \frac{2}{3}, \frac{3}{3}, \frac{4}{3}, \frac{5}{3}, \cdots$

となる。一般に$1/b$を単位とする系列が

$\frac{1}{b}, \frac{2}{b}, \frac{3}{b}, \frac{4}{b}, \frac{5}{b}, \cdots$

となるのです。

小数の場合、単位は1、0.1、0.01、…と決まっている、つまり、単位を規則的に10等分ずつに分けているのですが、分数の場合は単位の分け方が任意等分で一定でない。

これが分数の扱いを難しくしている最大の原因です。このように単位となる数が一定でないことが分数計算にどのような難しさを引き起こすのかは、後で分数計算の四則としてとりあげましょう。

このように、分数は単位とか計算などをきちんと見直すとてもよい考え方になります。これが小学校で分数を学ぶ大きな理由の一つです。

1.4

＋ － ＝

【読み】たす（プラス）、ひく（マイナス）、は（イコール）

【意味】「＋」はたし算。同種の量を併せることを表す。
「－」は引き算。たし算の逆で、量を取り去ることや差を表す。
「＝」は等号。＝の左右が等価であることを表す。小学校では左辺に計算手続きを、右辺にその結果を書くことが多い。

【使用例】リンゴ3個と2個を併せると3＋2＝5個。ここから3個持ち去ると残りは5－3＝2個。

＋、－、＝は小学生が初めて出会う本格的な数学記号です。これを数字記号と組み合わせて

$1+3=4$, $15+28=43$,
$7-5=2$, $35-17=18$

のように使い、1たす3は4、15たす28イコール43、7ひく5は2、35ひく17イコール18、などと読みます。小学生は等号＝を「イコール」とは読まずに「は」と読むことが多い。もちろん、イチたすサンはヨンに等しいと読んでもかまいません。

では順番に記号の意味を説明しましょう。

＋　たす（プラス）

＋記号は普通は17＋25＝42と使います。私たちが日常生活で一番ひんぱんに使う数学記号かも知れません。ではたし算とはなんでしょうか。

改めてたし算の意味などといわれても、多くの人はピンとこないに違いありません。私たちは普段たすことの意味など考えることなしに生活していますし、それで日常生活の買い物などに不自由が起きるとは考えにくい。しかし、数のたし算が計算できることと、たし算の意味を考えることは微妙に違っています。たとえば、143＋38＝181という計算ができても「私は身長143cm、体重は38kgです。たすといくつでしょう」という問題に答えることはできません。数字はたしかにたして181ですが、181とは何を表している数値なのか。ここからたし算の基本性質が見えます。

最初に出会うたし算は、同種の量を加えるという演算です。加えるとは、合併する、併せるという意味です。左右二つのお皿に林檎が3個と2個のっています。これを一緒にすると全部で5個の林檎になる。これがたし算の一番最初の姿で、併せるといくつになるか？　ということです。

同種の量でないとたし算ができないことは十分に注意しておくべきです。以前、「電

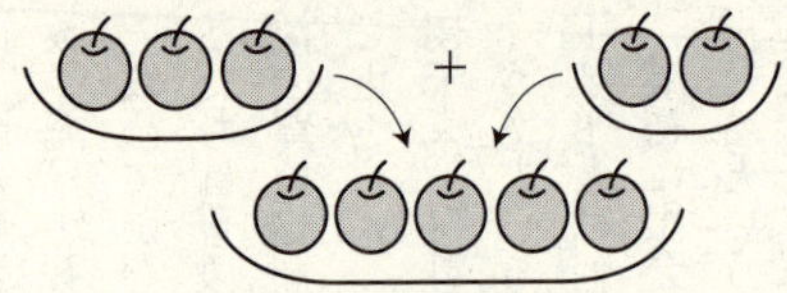

図1.3　林檎３個と２個を併せたら５個に

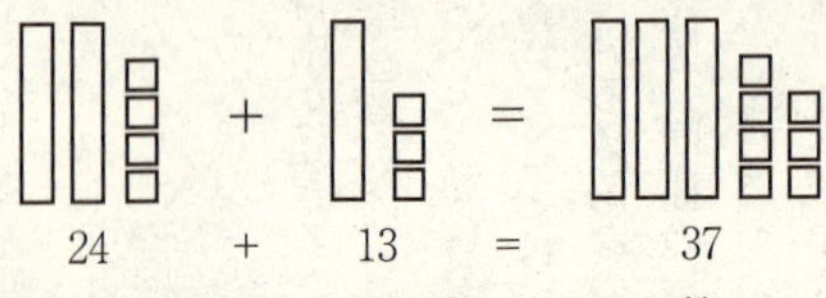

図1.4　タイル図によるたし算

信柱2本の間に鉛筆が3本落ちていた。全部で何本？」と子どもたちに問いかけた先生がいて、子どもたちが「全部で5本」と答え、そこからたし算とはどんな計算かの授業が始まったことがあります。もちろん、先生は少しニヤッとして、「全部で5本で何が5本なのかな？」と問いかけ、たせるとはどういうことかを子どもたちに考えてもらったのです。

これを半具体物として表現したのがタイル図1.4です。二つのタイルを併せることで、合併というたし算のイメージを作ることができます。

さらに同種の量でも、同じ単位でないと数値をたすことができません。長さという量をつなぎ合わせることで量をたすことはできますが、数値だけを取り出して56 cmと2 mをたして56 + 2 = 58？　にはならないのです。私たちは普通はこんなことは意識せずにたし算を計算しています。それは日常生活では、たすことを考える場面が最初から単位が同じであることを前提としているからでしょう。

ところで、「単位を揃えないとたすことができない」というたし算の基本性質は数の計算にも別の光をあてます。これを普通の数計算でちょっと眺めてみましょう。

小学生は具体的なたし算を、いわゆる縦計算で行います。

$$\begin{array}{r} 143 \\ +\ \ 38 \\ \hline 181 \end{array}$$

この計算が機械的に「位という単位」を揃えていることに注意してください。いわゆる計算式、143 + 38では位を揃えることはありません。頭の中で位を揃えて、一の位から順番にたすわけですが、縦計算で子どもたちはそれと意識することなしに、一の位、十の位、百の位を揃えてたしています。位はいわゆる長さや重さの単位とは違いますが、右の計算で十の位にある数字4と3は十をひとまとめにしたものが4と3

あることを示しています。これは「十のまとまりという単位」で考えていると見なせます。ですから、この計算では十の位の数をほかの位の数とたすことはできないのです。横書きの計算式ではこれを意識しながら位ごとに計算をします。しかし、縦計算ではそれをことさらに意識することなしに機械的に計算できる。この「機械的に計算できる」ことが縦計算の記号の重要な役割です。こうして子どもたちが手こずる繰り上がりという単位変換の構造も縦計算のメカニズムの中で自然に扱うことができます。ただ、一つ注意しておくと、機械的に計算できることと、計算の意味や原理を理解しなくてもよいということは違います。むしろ、機械的に計算できてしまうからこそ、その仕掛けの背後にどんなメカニズムがあり、そのメカニズムはどんな原理に支えられているのかを理解しておく必要がある。それが「計算が分かる」ということにほかなりません。

－　ひく（マイナス）

引き算はたし算の逆演算として出てきます。普通は100－25＝75のように使います。

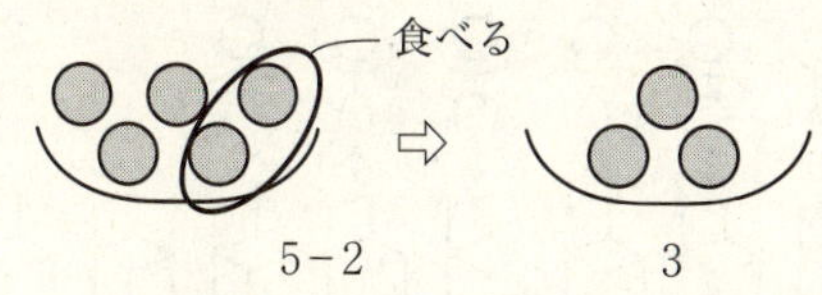

図1.5　お菓子5個のうち2個食べたら残りは？

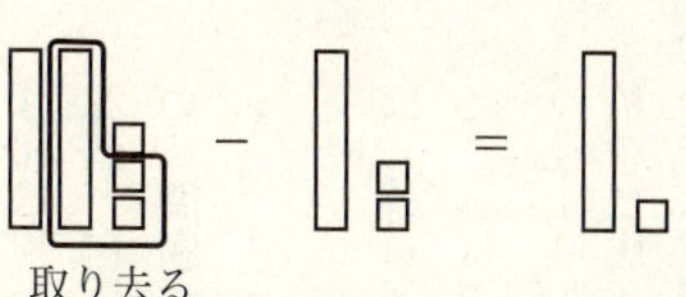

図1.6　タイル図による引き算

たし算が併せるというイメージなのに対して、引き算は取り去るというイメージです。お皿にお菓子が5個のっています。2個食べました。残りはいくつでしょう、というのが典型的な引き算（求残という）です。

食べるという行為と、なくなる、取り去るという行為が重なっているので、子どもたちにもイメージしやすいでしょう。ここにはたし算のときに問題になった量の同一性や単位の問題がありません。その分、この一番最初の引き算はイメージしやすいかも知れません。普通はこれをタイルで表して実際にタイルを取り去る行為で引き算を表します。

しかし引き算では、たし算にはなかった新しい問題が出てきます。それは引き算には「違いを求める」という別の意味が付け加わるからです。「碁石が7個あります。

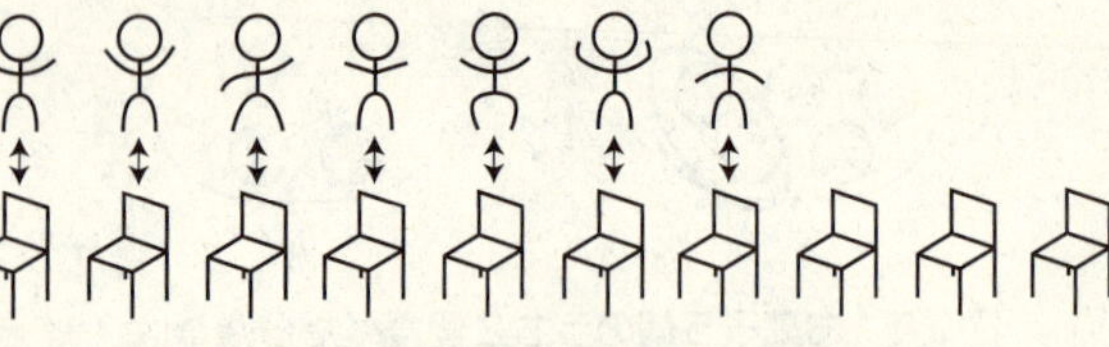

図1.7　椅子と子供を対応させて考える

4個は黒石です。白石は何個ありますか。」あるいは、「黒石が23個、白石が17個あります。どちらが何個多いでしょうか」という問題です。この引き算を求差といいます。答は7－4＝3や23－17＝6という計算で求まりますが、これは残りを求めるという引き算と微妙に違っています。それでもこれらの場合は、碁石という大きな枠組みの中で、残りを求めていると考えることはできます。

しかし、「子どもが7人います。椅子が10脚あります。皆が椅子に座ると、空いている椅子はいくつありますか」という問題では、椅子の数から子どもの数を引くということになり、少し想像力を巡らさないと「同じものでないから引けない！」となってしまいそうです。この場合、全体の椅子の数から、子どもの座っている椅子の数を引くのだと解釈することもできますが、むしろ、椅子の数に対応する10という数から子どもの数に対応する7という数を引く、と考えて数10と数7の違いを考えるという抽象的な数の引き算に発展させていくことが大切でしょう。

抽象的な数の引き算を具体的に実行するのが縦計算です。ここではすべてが位という抽象的な単位に還元され、その中で計算が行われます。引き算の場合は繰り下がりという、小学生が最初に出会う技術的な難関が待ちかまえています。

$$\begin{array}{r} 143 \\ -\ 38 \\ \hline 105 \end{array}$$

繰り下がりとは単位の分解です。大きい単位を小さい単位に分解して引き算を実行する。日常生活では「お金を崩す、両替する」場面です。１００円玉１枚で30円の買い物をする。お釣りは？　もちろん１００円玉１枚から10円玉３枚を引くわけで、最初に１００円玉１枚を10円玉10枚に両替しておき、そこから３枚分を取り去る。残りがお釣りで70円になります。こんな計算は誰でも意識せずに行っていますが、それを目に見える形で構造として取り出して見せたものが右の計算です。

繰り下がりとは、位という同じ単位の中で引くことができず、上の単位を下の単位に分解して引き算を実行するということにほかなりません。小学校の加減算では、この、位という単位を合成したり分解したりすることが一番大切です。同種量、同単位という日常生活のなかでの加減算の計算が、数同士の同じ位の加減算に抽象的に発展していく過程を理解しながら、子どもたちは計算を理解していくのです。

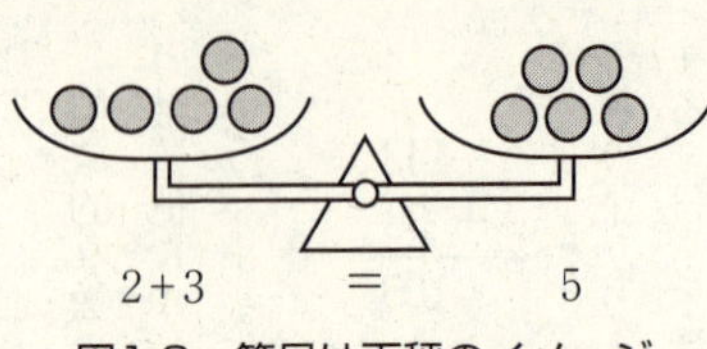

図1.8　等号は天秤のイメージ

＝は（イコール）

等号は天秤（てんびん）のイメージです。等号の右と左が等価で釣り合っている、これが最初に出会う＝の意味です。＝で結ばれた式を等式といいます。

ですから、2＋3＝5は、2たす3は5に等しいとか、2たす3は5と同じと読むといいと思いますが、普通は「に等しい」とか「と同じ」を省略して2たす3は5と読みます。小学校の場合、等式の左辺は計算手続きを、右辺はその結果を表すことが多いので、＝を「は」と読むのは、左辺を計算すると結果はこうなります、の意味でしょう。それをもう少し敷衍（ふえん）すると、左辺の式を右辺の値で置きかえてかまいません、という意味になります。つま

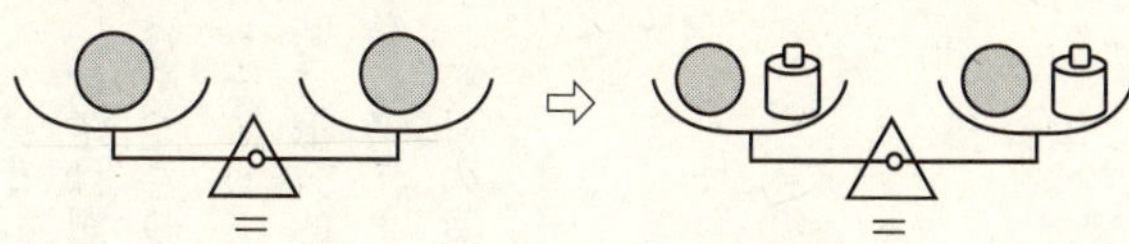

図1.9　天秤の両側に同じものをたしてもつりあったまま

り等式とは、数学で許された記号の変形規則を表すということになる。

たとえば、「2に3をたすと5に等しい」という日本語なら、そのままの順序を数式に翻訳すれば「23＋5＝」となるのでしょうが、普通は記号をこの順序に並べることはしません（注／記号の並べ方には、あまり知られていないかも知れませんが、いくつかの流儀があり、一つに決まっているわけではありません）。子どもたちは、正しい順序で記号を並べる規則を学ぶわけです。

等式は天秤ですから、天秤の性質により、右と左のお皿に同じ重さを載せても、同じ重さを取り去っても、あるいは左右を何倍かしても釣り合った状態を保ったままです。つまり、方程式を解くという手続きはこの天秤の性質を利用して、与えられた等式を$x = a$の形の等式に変形する操作です。この操作の一つを全く機械的に行うと「移項」になります。移項とは等式の右辺にある項を符号を変えて左辺に移していいという操作で、両辺に同じものをたす、両辺から同じものを引くということを、結果だけをみて公式化したものです。

数学は記号を形式的に操る学問なので、いったん意味が理解できたあとは、その内容を記号の操作として公式化することは大切なことです。これは公式を暗記すればよいということではありません。数学を理解するとは操作が意味することを理解し、同時に形式的な操作に習熟するということで、意味理解を欠いた暗記には意味がないと私は考えます。

等号の意味はあとで極限記号が出てきたときにもう一度解説します。

1.5

× ÷

【読み】 かける、わる

【意味】「×」はかけ算。1あたり量（たとえば一袋あたり）がいくつ（何袋）分かある場合に、全体の量（たとえばすべての袋を合わせたミカンの個数）を求める。

「÷」は割り算を表す。かけ算の逆の演算で、全体の量から1あたり量か、あるいはいくつ分かを求める。

【使用例】 ミカン5個入りの袋が4袋あると、ミカンは全部で5×4＝20個あり、このミカンを5人で分けると1人あたり20÷5＝4個になる。

× かける

かけ算を表す×記号も小学生が学ぶ大切な数学記号で、8×7＝56のように使います。特にかけ算九九は一桁（けた）の数のかけ算を暗記する方法で、普段生活する上でもとても大切な知識の一つです。

数学は暗記科目だという意見もあるようですが、私は数学は暗記科目だとは思いません。むしろ、暗記して覚えなければならないことが、他の教科に較べて少なくて済む科目だと思います。しかし、かけ算九九だけは暗記をする必要があるようです。ただ、それと意識することなしに九九を繰り返すことで、自然に身に付くという面もあると考えています。

人は小数のたし算やかけ算を日常生活の中で自由に使っています。いまは電卓という便利な器具があるので、小数の四則演算にとまどいがある人はいません。

ところで、ここで一つ質問を出しましょう。小数のたし算を縦計算でするときは、小数点を揃える必要があります。しかし、小数のかけ算をするときは小数点を揃えません。それはなぜでしょうか。

$$\begin{array}{r} 1.43 \\ +0.38 \\ \hline 1.81 \end{array}$$

$$\begin{array}{r} 1.43 \\ \times\ 0.3 \\ \hline 0.429 \end{array}$$

突然こんなことを訊(たず)ねられると、とっさには答が出てこないかも知れません。最初にたし算について説明したとき、実際のたし算は同種量でなければ計算できないし、同種量でも単位を揃えないとたせないことをお話ししました。小数のたし算で小数点を揃えるのは単位を揃えるということです。10進記数法の説明で、位とは抽象的な単位であることを説明しました。小数点を揃えてたすのは、この位という抽象的な単位

図1.10　ミカン2個入りの皿が3皿あるとミカンは全部で6個

をきちんと同じ位置にあわせるためなのです。

ではかけ算では小数点を揃えなくていいのはなぜでしょう。それはかけ算の意味に関係しています。

かけ算の一番基本的な意味は

1あたり量×いくつ分＝全体の量

です。お菓子が2個載っているお皿が3枚ある、全部でお菓子はいくつありますか。あるいはミカン5個入りの袋が4袋ある、ミカンは全部で何個ありますか。このような問題では、計算は次のようになります。

2個／皿×3皿＝6個　　5個／袋×4袋＝20個

これがかけ算の一番基本的な意味です。ここに出てくる2個／皿とか5個／袋を1あたり量といいます。一皿あた

り何個のお菓子か、一袋あたり何個のミカンかを表す量です。これを小学校では単位を省いて

$2 \times 3 = 6$　　$5 \times 4 = 20$

と書いています。本当は小学校でも個／皿とか、個／袋という単位をつけて考えた方が分かりやすいのですが、小学校ではこの記号があまり使われないのは残念です。

ちょっと注意しておくと、

$2 \times 3 = 2 + 2 + 2 = 6$

というたし算を繰り返す計算（累加という）で2かける3を計算することができ、この計算は正しい。しかし、私は2×3が2＋2＋2の略記法だという解釈を取りません。そうではなくて2＋2＋2という計算方法でも2×3を計算することができるという解釈を採用したいと思います。

このように、かけ算では、かけられる数とかける数が同種の量ではないのが普通で

す。たし算では同種量しかたせないのに、かけ算では異種量をかけることができる。ここにたし算とかけ算の大きな違いがあります。高学年になると、もう少し抽象的なかけ算

速さ×時間＝距離

も出てきます。速さも単位時間あたりの移動距離で、時速50 kmとは1時間あたり50 km進むという意味ですから典型的な1あたり量です。速さと時間は同種量でないことに注意しましょう。別の例でいえば、重さkgと長さmをたすことはできませんが、かけることはできます。kg・mは仕事量という新しい量を生み出すのです。

このようにかけ算では単位を揃える必要がない。これが小数のかけ算では小数点を揃える必要がない、あるいは揃えても意味がないことの理由です。

÷　割る

割り算はかけ算の逆の計算です。かけ算の意味はお話ししたとおり、

1あたり量×いくつ分＝全体の量

でした。ですから、この逆の計算は2種類あって

全体の量÷いくつ分＝1あたり量

と

全体の量÷1あたり量＝いくつ分

です。1あたり量を求める割り算を等分除、いくつ分を求める割り算を包含除といいます。そのうちで基本になるのが1あたり量を求める等分除です。

等分除の基本形は「6個のお菓子があります。3人で分けると1人分はいくつですか」という問題で、1人あたりという1あたり量を求めています。人数分に等しく分けるので等分除といいます。この基本形をしっかりと理解していれば、大人でも何となくまごつく

「$1.6\ m^2$の花壇に$0.8\ \ell$の水を撒きました。$1\ m^2$あたりどれくらいの水を撒きましたか」

という問題の計算が$0.8 \div 1.6$になることが理解できます。$0.8 \div 1.6 = 0.5$という計算はそれほど難しい計算ではありませんが、問題の意味を理解し、答が割り算で求まることの理由を理解することは、子どもたちにとってそれほど易しいことではありません。しかし、数学では自分が行っている計算の意味を理解することが一番大切なのです。

分数と四則演算

最後に、分数の四則計算についてお話ししておきます。

最初に分数の加減算について。分数の加減算は易しくありません。理由は二つあって、一つは意味の問題、もう一つは技術的な問題です。

分数とはなにかについてお話ししたとき、分数とはさまざまな単位$1/b$で数えられる数の系列だと考えました。同じ系列（つまり同じ単位）の中での加減算にはそれほど問題がありません。3＋5＝8が単位1で数えた3個分と5個分を一緒にすれば、単位1で数えて8個分になるのと同じように、1/7で数えた3個分と1/7で数えた5個分を一緒にすれば、1/7で数えて8個分、つまり

$$\frac{3}{7}+\frac{5}{7}=\frac{8}{7}$$

となります。同じ単位の中での加減算は基本的に普通の数の加減算と一緒で、ただ、単位を明記するために分母に7が表示されているわけです。

ところが $\frac{1}{2}+\frac{1}{3}$ のように分母が異なる場合はそう簡単にはいきません。たし算のところでお話ししたように、単位の違う量はそのままではたすことができない。ですから $\frac{1}{2}+\frac{1}{3}$ を簡単に計算するわけにいかないのです。これが量としてたせることは間違いありませんが、たすためには、少し技術的な考察が必要なのです。

いま、単位1/2の系列と単位1/3の系列を考えます。

$$\frac{0}{2},\ \frac{1}{2},\ \frac{2}{2},\ \frac{3}{2},\ \frac{4}{2},\ \frac{5}{2},\ \cdots$$

$$\frac{0}{3},\ \frac{1}{3},\ \frac{2}{3},\ \frac{3}{3},\ \frac{4}{3},\ \frac{5}{3},\ \frac{6}{3},\ \frac{7}{3},\ \cdots$$

1/3系列の分数の方が1/2系列の分数より細かくなっていますが、所々、たとえば2/2と3/3のように同じ値をとる分数があります。

これに着目すると、1/2系列の分数と1/3系列の分数は、1/6を単位とする分数の系列の中に埋め込めることが分かります。

$$\frac{0}{6},\ \frac{1}{6},\ \frac{2}{6},\ \frac{3}{6},\ \frac{4}{6},\ \frac{5}{6},\ \frac{6}{6},\ \cdots$$

の系列の中で $\frac{1}{2}=\frac{3}{6}$, $\frac{1}{3}=\frac{2}{6}$ ですから

$$\frac{1}{2}+\frac{1}{3}=\frac{3}{6}+\frac{2}{6}$$

となり、今度は単位が同じ1/6なのでたすことができ、

$$\frac{1}{2}+\frac{1}{3}=\frac{3}{6}+\frac{2}{6}=\frac{5}{6}$$

となります。

これが通分という技術にほかなりません。つまり、通分とは単位の異なる分数を同じ単位にしてたせるようにするため、より目の細かい分数の系列の中に埋め込むという手続きなのでした。

こう考えると、分数のかけ算では通分という技術が不要なことも分かります。かけ算のところで説明したとおり、かけ算はたし算とは異なる演算で、単位を揃える必要がないのです。ですから

$$\frac{1}{2}\times\frac{1}{3}=\frac{1\times1}{2\times3}=\frac{1}{6}$$

という計算ができます。

最後に、多くの人が計算はできるが意味が分からないという分数の割り算の計算規

則について説明しておきましょう。

分数の割り算はどうしてひっくり返してかけるのか？

分数の割り算はどうしてひっくり返してかけるのでしょうか？　小学生だけでなく、多くの人が疑問に思い、それでも計算の方法だけは鮮明に覚えています。覚えているということは、それだけ印象深い計算なのでしょう。では分数の割り算はどうしてひっくり返してかけるのか、説明を考えてみましょう。

割り算とは1あたり量を求める計算だということを説明しました。つまり、全体の量／いくつ分＝1あたり量です。全体の量を人や面積などに均等に割り振ると、1あたり（1人分、1平方メートル分など）はどれくらいになるか、を求める計算が割り算です。これの一番の原型が「6個のお菓子を3人で分けたら1人分はいくつですか」の計算6÷3＝2です。分離量の場合は等分割することがはっきりと分かるので、割り算の意味がわかりやすい。しかし分数になるとそれが少し難しくなる。けれど原理は何も変わりません。

いまxリットルの水を$\frac{a}{b}$平方メートルの花壇に撒いたとき、1平方メートルあ

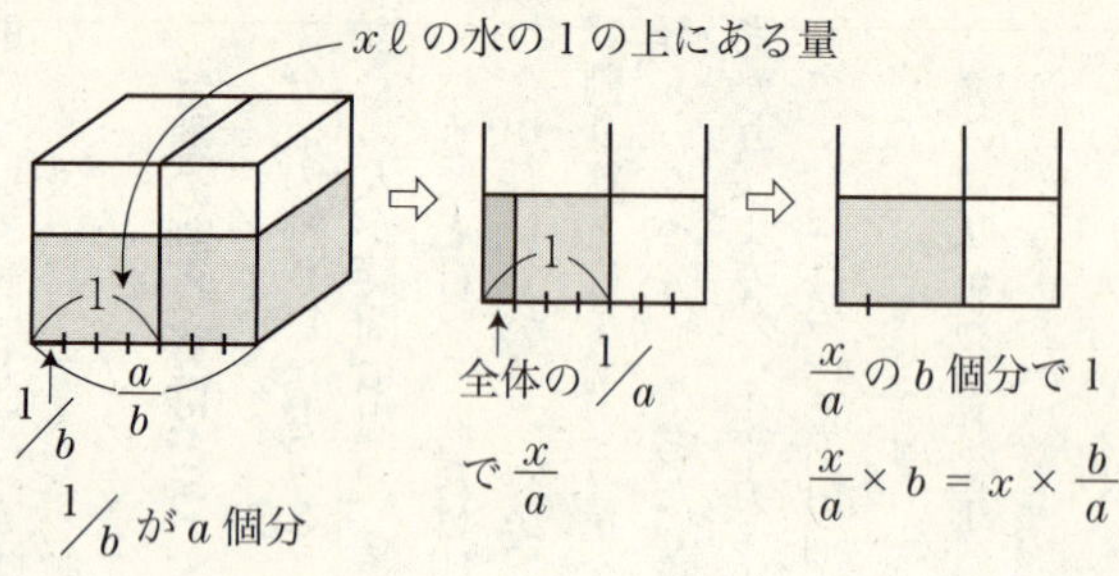

図1.11　分数の割り算は、ひっくり返してかけることになる

たりどれくらいの水を撒いたことになるのかを求めてみましょう。これは全体の水の量xリットルを、いくつ分としてのa/b平方メートルの花壇に撒いたときの1あたり量を求める計算です。式は

$$x \div \frac{a}{b} = ?$$

という割り算になります。

a/bは$1/b$を単位としてa個分ということでした。それで$1/b$を単位としたときの1個分を求めるために、まずxをaで割り$x \div a$を求めます。これで$1/b$あたりの1あたり量（$1/b$あたり量ですね）が求まりました。しかし求めたいのは1単位についての1あたり量です。$1/b$は1をb等分した1つでしたから、1単位についての1あたり量は$1/b$単位についての1あたり量をb倍すれば求ま

ります。

つまり

$$x \div \frac{a}{b} = (x \div a) \times b$$
$$= \frac{x}{a} \times b$$
$$= \frac{x \times b}{a}$$
$$= x \times \frac{b}{a}$$

となり、分数の割り算はひっくり返してかけることになるのです。

念のため、この説明を図解しておきます。説明を読みながら図（1.11）を眺めてください。

1.6

≠ ＜ ＞ ≦ ≧

【読み】 等しくない、($a<b$ なら) a は b より小さい、あるいは a は b 未満、($a>b$ なら) a は b より大きい、($a \leqq b$ なら) a は b 以下、($a \geqq b$ なら) a は b 以上。

【意味】 「≠」は、左右が等しくないことを表す。

「＜」「＞」は不等号で、記号の開いているほうが大きいことを表す。

「≦」「≧」は不等号の意味に加え、左右が等しい場合も含む。

【使用例】 6は5よりも大きいので $6>5$ は正しく $6 \geqq 5$ も正しい。また、$5>5$ は正しくない。一方、$5 \geqq 5$ は、左右が等しい場合を含んでいるので、正しい式である。

$\neq$は等号$=$の否定形で「等しくない」と読みます。数学では、記号にかぶせて／を引くのは否定を表します。しかし、$\neq$は不等号とは呼ばず、$=$に較べてあまり活躍する場所はないようです。というのも、数などの場合、等しくないときはどちらかが大きいわけで、普通は不等号というと$<$、$>$か$\leqq$、$\geqq$を意味します。この記号は分かりやすい記号で開いている方が大きいことを表します。昔は$a<b$をa小なりbとか、b大なりaなどと読んだようですが、いささか古めかしいので、aはbより小さい、bはaより大きいと読むといいでしょう。

ところで、記号$\leqq$は少し奇妙な感じがするかも知れません。特に$5\leqq5$と書かれると大学生でも間違いですという人がいます。$5\leqq5$は間違いではありません。$a\leqq b$はaはbより小さいか等しいことを表します。ですから、等しい場合も含めているので、$5\leqq5$は正しい式です。$a\leqq b$はaはbを超えないと読むと分かりやすく、数学ではaはb以下である、あるいは、bはa以上であることを意味します。

不等式

不等号$<$、$>$は小学校で学びますが、不等式は学びません。本当は$2<3$という

式も不等式ですが、これはあまりに当たり前すぎて、つまらないでしょう。普通は不等式というときは、方程式と同じように未知数xを含んだ式で、この式を成り立たせるxの範囲を求めることが多い。あるいは、中に含まれている未定の数を表す文字について、その値に関わらず不等式が成り立つことを示す（このような不等式を絶対不等式ということがある）という問題が多いです。少し小学校の範囲から外れますが、有名な不等式をいくつか紹介しましょう。

（1）相加平均と相乗平均

二つの正の数a、bについて、$\frac{a+b}{2}$を相加平均（普通使われる平均）、$\sqrt{ab}$を相乗平均といいます。この二つの平均について

$$\frac{a+b}{2} \geqq \sqrt{ab}$$

という有名な不等式が成り立ちます。

この不等式の証明はいろいろなものが知られています。よく教科書や参考書に出て

くるのは、両辺が正だから2乗した不等式、

$$\frac{(a+b)^2}{4} \geqq ab$$

を証明するもので、分母を払って、$(a+b)^2 \geqq 4ab$ を示すものです。この不等式は次のように証明できます。

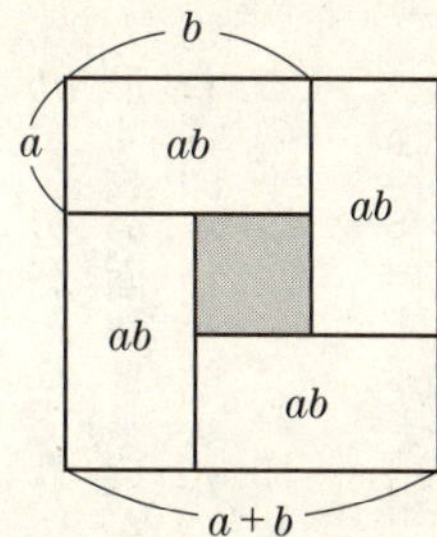

図1.12　相加平均≧相乗平均の図形としての証明

$$\begin{aligned}(a+b)^2-4ab &= a^2+2ab+b^2-4ab \\ &= a^2-2ab+b^2 \\ &= (a-b)^2 \geqq 0\end{aligned}$$

これを図形として証明する方法もあります。abを2辺がそれぞれa、bである長方形と考えます。するとこの不等式は、その長方形4枚の面積は1辺が$a+b$である正方形の面積を越えないことを示しています。これは図1.12で明らかです。

この不等式は一般にn個の正数に対して拡張されます。とくに三つの場合は

$$\frac{a+b+c}{3} \geqq \sqrt[3]{abc}$$

となりますが、この両辺を3乗して分母を払った

$$(a+b+c)^3 \geqq 27abc$$

という不等式は、3辺がそれぞれa、b、cである直方体27個の体積が1辺が$a+b+c$の立方体の体積を越えないことを表しています。つまり、3辺が、a、b、cの直方体27個を1辺が$a+b+c$の立方体の中に、はみ出すことなく詰め込むことができるのです。このパズルは考案者の名前をつけたホフマン・キューブとして有名

で、かなり難しいパズルとして売りだされています。

不等式

$$\frac{a+b+c}{3} \geqq \sqrt[3]{abc}$$

の証明は次のような、技巧的な証明が知られているので、紹介しましょう。

まず、四つの正数 a、b、c、d について、二つの場合の相加平均、相乗平均の関係を使うと

図1.13 ホフマン・キューブ

$$\frac{a+b+c+d}{4}$$

$$= \frac{\frac{a+b}{2} + \frac{c+d}{2}}{2}$$

$$\geqq \sqrt{\left(\frac{a+b}{2}\right)\left(\frac{c+d}{2}\right)}$$

$$\geqq \sqrt{\sqrt{ab}\sqrt{cd}}$$

$$= \sqrt{\sqrt{abcd}}$$

$$= \sqrt[4]{abcd}$$

となり、四つの正数について、

$$\frac{a+b+c+d}{4} \geqq \sqrt[4]{abcd}$$

が成り立つことが分かります。

これを使うと、三つの正数 a、b、c に対して、その平均 $\frac{(a+b+c)}{3}$ を x として

$$\frac{a+b+c+x}{4} \geqq \sqrt[4]{abcx}$$

が成立します。

ところが、$a+b+c=3x$ なので、左辺は x となり、両辺を4乗すれば

$$x^4 \geqq abcx$$

です。両辺を x で割り、3乗根をとれば

$$\frac{a+b+c}{3} \geqq \sqrt[3]{abc}$$

となります。

この証明は大変に技巧的なものですが、一般に n 個の正数の場合も 2^n 個の場合を中間に挟む同じ方法で拡張でき、また、技巧的な証明は技巧的であればあるほど強く印象に残り、一度理解してしまうとなかなか忘れないようです。

さて、相加平均と相乗平均の大小関係を使うと、いろいろと面白い不等式を示すことができます。

(2) 逆数の和

a、b、c を正数とするとき

$$\frac{a}{b}+\frac{b}{a}\geqq 2$$

$$\frac{a}{b}+\frac{b}{c}+\frac{c}{a}\geqq 3$$

いずれの不等式も、$\frac{a}{b}$、$\frac{b}{a}$などをx、yなどに置きかえて、相加平均≧相乗平均の関係を使うと証明できます。ぜひ証明に挑戦してみてください。

1.7

：　%

【読み】たい、パーセント

【意味】「：」は比を表し、「$a:b$」なら量bを単位として、aがどれくらいに当たるかを表す。
「%」は、百分率。比の基準となる量bを100に換算して、aがどれくらいに当たるかを表す。

【使用例】50人のうち28人が投票したことを比で表すと28：50。基準を100に直すと28×2：50×2＝56：100となり、投票した人数は56%。これは28/50×100でも求められる。

：　比

：という記号は日本では$a:b$という形で使い、「a対b」と読みaとbとの比といいます。aとbの大きさの関係を表す記号ですが、比は子どもたちにとっては、とても難しい概念です。基本は量bを単位として測ったとき、量aはどれくらいに当たるか、という関係を表す式でaのbに対する割合を表します。

ところで、量bはある単位のもとで測った測定値（数）で表されますから、比は数の比の式で表されるのが普通で、4：3とか2：5のようになります。

二つの数の関係を式で表現するとい

うこと自体が、それほど簡単ではありません。数学は概念そのものを扱い、抽象化を目指して進化していきますが、比は小学校における その最初の段階の一つでしょう。

比 $a:b$ に対して、$a \div b = \frac{a}{b}$ を比の値といい、比の値が等しい二つの比は等しいといって＝で結び、$2:3=4:6$ のように書き、比例式と呼びます。この等号の使い方は中学生が学びますが、小学校では比の値という言葉は使わず、「二つの比が同じ割合を表すとき、比が等しいといい $2:3=4:6$ のように書きます」といいます。比の使い方の基本は、$2:3=x:12$ となる x はいくつかを求めることです。酢と油を $2:3$ の割合で混ぜたい。油12 gのとき、酢は何g混ぜればよいか、などの問題です。油3 gに対して酢2 gですから、油12 gに対しては酢8 gとなります。形式的に考えると、両辺の比の値が等しいので、$\frac{2}{3}=\frac{x}{12}$ となり、分母を払うと、$3x=2\times12$ です。

この式をよく見ると、もとの比例式の内側の二つの項（内項）の積と外側の二つの項（外項）の積が等しくなっています。このように、比例式では内項の積と外項の積は等しくなります。

$$a : b = x : y \Leftrightarrow bx = ay$$

＊注／⇔は217ページを参照。

比例式を解くときはこの関係がよく使われます。また、比そのものと比の値とは同じではないので、$2:3=\frac{2}{3}$とは書かないのが普通です。左辺は関係を、右辺は数を表しているからです（記号：を割り算の意味で使う国もあり、そのときは$2:3$は$2/3$なので、$2:3=\frac{2}{3}$と書くこともある）。どちらにしても、比が等しいことを表す＝は、最初に述べた等号のもっとも基本的な使い方である天秤（てんびん）とは少し違っています。比の場合、等号という天秤の両辺に載っているのは具体的な量や数ではなく、「関係」という抽象的な概念です。この等号の概念拡大にも数学の抽象化への第一歩があると思います。二つの数の関係が等しいことの理解には、数や量そのものが等しいというのとは違った難しさがあり、これが中学校、高等学校での関数理解の大きな関門の一つでしょう。

％　パーセント

比の難しさは基準となる量が場合場合によって違ってくるところにあります。極端な話、基準となる量を常に1に固定してしまえば、数値そのものが比の値を表すことになります。そこで基準となる量を常に100に固定してしまったらどうなるでしょう。ある量の大きさを表す場合、基準となる量を100にしたときの比の値が％です。普通は比の値を100倍して％にします。投票率56％なら、100人のうち56人の人が投票に行ったということを表すし、濃度13％の食塩水といえば、その食塩水100gの中には13gの食塩が含まれているということです。

このあたりの計算が小学生のみならず、大人でも少し難しいと感じるところなのでしょうか。％の考え方は小学生が学びますが、例えば、

「たかこさんの組では、虫歯のある人が14人いました。これは組全体の40％です。たかこさんの組の人数は何人でしょう」

（小学校算数5年下　大日本図書）

のような問題は大人でもちょっと考えてしまいます。

これは形式的な計算では

$$14 \div 0.4 = 35$$

で35人となりますが、なぜ0.4で割るのかと聞かれて、即答できる人は数学が得意な人に違いありません。方程式を立てるなら、全体の人数をxとすれば

$$x \times 0.4 = 14$$

となり、0.4で割る理由が分かります。教科書では、

もとにする量＝くらべる量÷割合

として、公式を覚えることが多いようです。

ここでは％とは元になる量、つまり全体を１００に固定した割合が％であるという、％の一番基礎の考えを元にして考えてみます。

14人で40％なのだから、１％ではその$\frac{1}{40}$で$\frac{14}{40}$が１％分に当たります。ところが全体は１００％なのですから、全体の人数は

$$14 \div 40 \times 100 = 14 \times \frac{100}{40} = 35$$

となりますが、

$$14 \times \frac{100}{40} = 14 \div \frac{40}{100} = 14 \div 0.4$$

となっているのです。

%については「〜の40%はいくらか?」という問いは考えやすいのですが、「〜の40%が14のとき、元の量はいくらか?」という問いかけは考えにくい。この場合は1%分を求めてそれを100倍すると考えれば分かりやすいと思います。

1.8

( ) { }

【読み】かっこ、ちゅう（中）かっこ
【意味】括弧の中を先に計算する。計算の順序を指示する用途で使う。
【使用例】20－3×5はかけ算が先になるので20－15＝5。一方、(20－3)×5と括弧がつけば17×5＝85となる。かっこの順序をはっきりさせたいときは中かっこを使うが、これは使わなくてもよい。

さて、小学校で学ぶ数学記号の最後としてかっこを扱います。かっこが数学記号？　と思われる人もいると思いますが、かっこも立派な数学記号です。

なぜ数学はかっこ記号を用意したのでしょう。それは計算の順序を指示するためです。中学校までに学ぶ数のたし算、かけ算、累乗について、たし算とかけ算には計算の順序がありません。

$$a+b=b+a,\quad a\times b=b\times a$$

が成り立ちます。これを、たし算、かけ算についての交換法則といいます。累乗については順序があり、$a^b \neq b^a$ で交換法則は成り立ちません。$3^2=9$ ですが 2^3

＝8です。

かけ算の順序についてもう少し注意しておきましょう。たし算、かけ算について順序がないのは抽象的な数の演算についてで、具体的な意味を持った数値については、順序を考える場合があります。たとえば、時速4kmで2時間歩く場合と時速2kmで4時間歩く場合、歩く距離はどちらも8kmですが、普通は

4km／時×2時間

と

2km／時×4時間

を区別します。これと抽象的なレベルでは2×4＝4×2が成り立つからどちらも同じだということとは違っています。速さと時間をどちらを先に書くかは自由で、速さを先に書かなければならない理由はありませんが、それぞれの数値が表している意味は区別する必要があります。普通は時速を先に書くようです。私たちは数を抽象的な

数そのものではなく、ある意味を持った数値として解釈する場合がほとんどなので、そのときは機械的に交換法則をあてはめてしまうことはできないことがあります。たし算の場合も付けたす場合は、元となる量を先に書くのが普通だと思います。13人のグループに後から2人が参加するような場合は、13 + 2 = 15と書くほうが2 + 13 = 15より自然だと思います。

ところで、単独の演算ではなく、四則や累乗が混ざった混合算の場合、今度はどの演算が先かが問題になります。数学ではかっこの使用をできるだけ少なくしようとして、演算そのものに順序をつけました。累乗が一番先で、以下、かけ算（割り算）、たし算（引き算）の順序で計算するというのが数学の約束です。ですから

$$20 - 3 \times 5$$

は20 − 3 × 5 = 20 − 15 = 5が正しくて20 − 3 × 5 = 17 × 5 = 85は間違いです。演算順序の約束にしたがって、かけ算を先にしなければなりません。しかし、ある場合には、この計算で引き算を先にする必要があるかも知れません。そのときは、先に計算したいものにかっこをつけるのが数学の約束です。たとえば上の計算では、何も指示

しなければかけ算を先に計算して5になります。どうしても引き算を先にしたければ、かっこを使って、

$$(20-3)\times 5 = 17\times 5 = 85$$

とします。

一般に数学の演算の順序の問題は案外面倒です。たし算やかけ算の場合、結合法則という

$$(a+b)+c = a+(b+c),\quad (a\times b)\times c = a\times (b\times c)$$

が成り立っているので、いくつかの数をたしたりかけたりする場合は、どこから計算を始めても大丈夫です。しかし、累乗の場合は結合法則が成り立ちません。

$$3^{(3^3)} = 3^{27} = 7625597484987$$

ですが、

$$(3^3)^3 = 27^3 = 19683$$

です。したがって、累乗の場合はかっこを省くことはできないのですが、普通は約束として

$$a^{b^c} = a^{(b^c)}$$

とします。

かっこがいくつも重なっている場合、内側から順番に計算するのが約束ですが、それをはっきりさせるために、中かっこ｛｝や大かっこ［］を使うこともあります。ただ、かっこは内側から計算するということさえ覚えていれば、中かっこや大かっこは使わなくても済みます。

かっこを巡る少し面白い話題があります。

カタラン数

式の中にいくつもかっこが出てきたとき、そのかっこの使い方がきちんと規則にあっているかどうかを形式的に判定する方法があるだろうか。それは次のようにすればいいのです。まずは全体の左かっこの個数と右かっこの個数が一致していること。これは当たり前ですが、個数が一致していてもかっこの使い方が正しいとは限りません。もう一つ、式を前から順番に見ていって、いつでも「左かっこの個数≧右かっこの個数」となっていればかっこの使い方は全体として正しい。それは次のようにして分かります。まず、先頭から順に「(」を見ていき、最初に「)」が出てくるところを捜します。条件によって、必ず「)」の前に「(」がありますから、それをペアにしてキャンセルします。以下この操作を繰り返すと、すべてのかっこが「(」と「)」のペアになってキャンセルされ、かっこの使い方が正しいことが分かります。

左かっこ「(」n個と右かっこ「)」n個の$2n$個のペアについて、その使い方は何通りあるだろうか、というのも面白い問題です。たとえば6個のペアなら

$$(((x))),\ ((x))(y),\ (x)(y)(z),\ (x)((y)),\ ((x)(y))$$

の5通りあります。この n 組のかっこの使い方の総数をカタラン数といい、n が小さい方から順番に

$$1, 2, 5, 14, \dots$$

と続きます。

一般に $2n$ 個のかっこのペアについて、形式的に正しい使い方は

$$\frac{1}{n+1}\,{}_{2n}\mathrm{C}_n = \frac{1}{n+1}\,\frac{2n!}{n!n!}$$ ＊注

通りあります。この数を n 番目のカタラン数といい、C_n で表します。カタラン数は数学のいろいろな場面に顔を出す面白い数で、たとえば $(n+1)\times(n+1)$ の正方形の格子で左下から右上まで対角線の下半分だけを通っていく最短経路の数は n 番目のカタラン数 C_n になります。

この最短経路の数がn組のかっこの使い方の数と一致することはつぎのようにして分かります。経路を右に辿る→を左かっこ、上に辿る↑を右かっこに対応させると、↑の数が→の数を越えないということが、経路図では対角線を越えない事に当たり、かっこの使い方では右かっこの数が左かっこの数を越えないことに当たるので、両方の数は等しくなります。

＊注／組み合わせの$_nC_r$と階乗$n!$については162ページに説明があります。

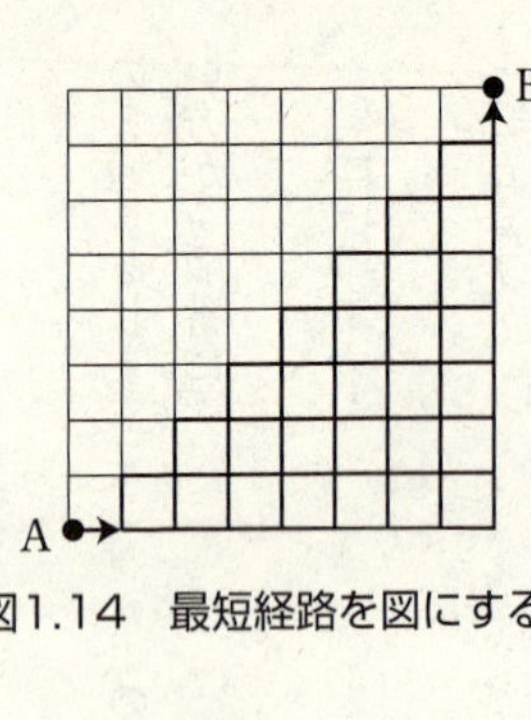

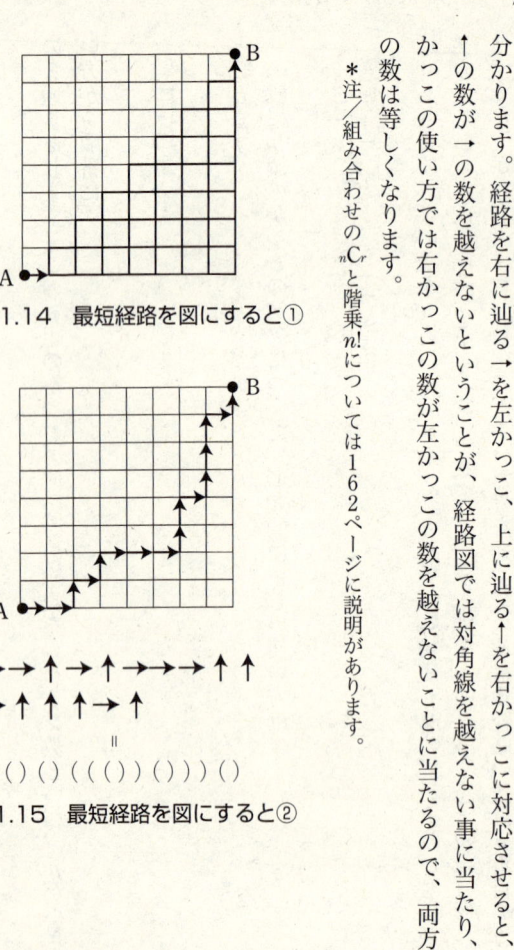

図1.14　最短経路を図にすると①

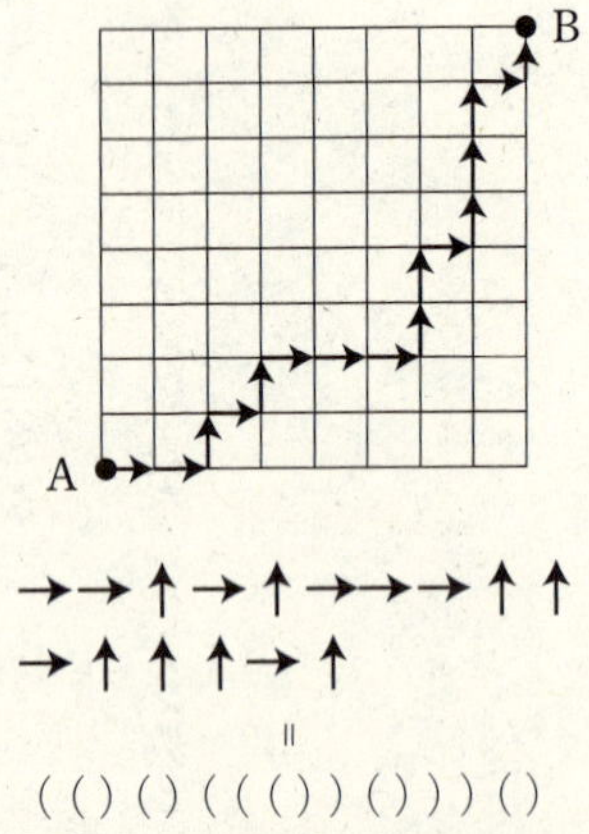

図1.15　最短経路を図にすると②

小学校に続いて、中学校で学ぶ数学記号とその読み方や使い方について説明します。じつは中学校で初めて出てくる数学記号はそんなにたくさんはありません。ほとんどの記号は既に小学校の段階で出てきます。

初等幾何学が始まるので、幾何学についての記号がいくつかありますが、それは一種の略記号というべきもので、操作ができる記号として出てくるわけではありません。これについては、後で少し詳しく考えてみます。

第2章 その次の数学記号たち

―― 中学校で学ぶこと

2.1

−

【読み】 マイナス

【意味】 負の数を表す記号。引き算記号の−と同一の記号で表し、数計算の場合、両者は渾然(こんぜん)一体となって使われる。

【使用例】 氷点下3度を−3度などと表す。経済成長が−0.3%など。

2−5+1=−2は2+(−5)+1の意味で使われる。

−記号はすでに小学校で引き算を表す記号として出てきました。5−3を「5ひく3」と読みました。中学校ではこの−記号が引き算ではなく、数の符号として出てきます。−5と使い、「マイナス5」と読み、今までの数に対して負の数といいます。そのために今までの数を+5と書いて「プラス5」と読み、正の数と呼ぶことにしました。

負数とは何か。これをたんに0より小さい数としてしまうと、負の数ってなんだろうということになってしまいます。−3人の人はいないし、−5匹の猫もいません。「〝ない〟ものより少ないものなど存在しない」と考えた人もいるようです。

では負数とはこの世に存在しない数な

のでしょうか。

数が個数を表すと考える限り、マイナスの数は存在しないでしょう。確かに数は個数を表すものとして考え出されました。しかし、数は抽象的な概念です。個数以外にも数が表すもの、あるいは数で表せるものはこの世界に存在します。それは数を「どのような状況で何を表すのか」まで拡大して考えることで明らかになるでしょう。

マイナスの数は状態や状況までも含めたものの様子を表します。普通に人を数えれば負数の人数はあり得ない。しかし、１００人で一杯になるホールを基準にして、ホールにどれだけ人が入ったかという状況を数で表そうとしたら、満席に13人足りない状態、つまり87人がホールに入っている状態を-13で、また、少し立ち見が出てしまい、１０５人入った状態を+5で表すことができます。あるいは現在の預金残高を基準にすれば、そこから増えればプラス、減ればマイナスと考えることができます。こうして負数は市民権を獲得しました。

ここで大切なのは、状態を表すためには基準を設定しなければならないということです。上の例ならホールの席数１００が基準になり、そこからの増減が正、負の数で表現されます。現在の預金残高が１００万円なら、１１０万円になれば+10万円、95万円になれば-5万円です。この満席１００人や預金残高１００万円という基準は人工的な物ですが、自然界にはそれこそ自然な基準が存在します。

気温は水の凍る温度を0度ときめて、そこからの増減で表します。山の高さや海の深さは海面の標準的な高さを0mときめて、そこからどれくらい高いか低いかで表しています。こうして、負数は状態まで含めた様子を表す数として市民権を得たのです。

反数

ところで、数はそれ自身が数学の対象として、さまざまな角度からいろいろと研究されてきました。この視点で見ると、負数は正の数に対してバランスをとる数と考えられます。かけ算すると1となる二つの数を互いに他の逆数といい、数aの逆数を普通は$1/a$、少し進んだ数学ではa^{-1}と書きます。

$$a \times \frac{1}{a} = \frac{1}{a} \times a = 1$$

これと同様に、たし算すると0となる二つの数を互いに他の反数といい、数aの反数を普通は$-a$と書きます。

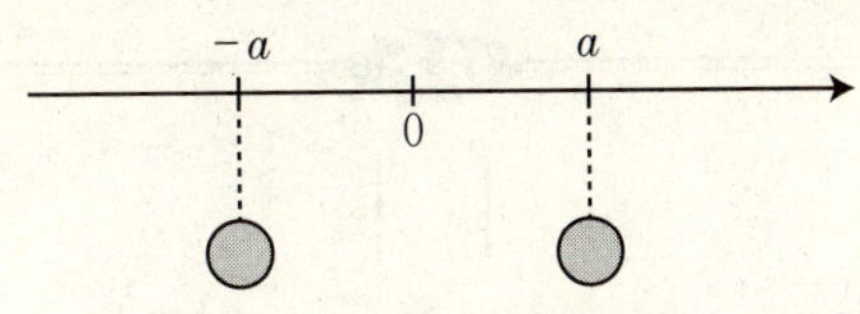

図2.1　0を中心にバランス

$$a+(-a)=(-a)+a=0$$

反数とは0を中心として左右にバランスを取っている数です。
当然aの反数の反数はaになりますから

$$-(-a)=a$$

となります。これが数学的に見た、マイナス×マイナスがなぜプラスになるのかの理由です。演算記号の−(ひく)と数の符号の−(マイナス)は反数の概念と一緒になり、aを引くとはaの反数$(-a)$をたすことになります。つまり、aを引くのはaの反数$(-a)$をたしてaを無かったことにしてしまうという意味なのでした。

2.2

$|\ |$

【読み】 絶対値

【意味】 ある数の原点からの距離を表し、正の数ならそのまま、負の数なら符号を変えたものになる。

【使用例】 $|5|=5$, $|-3.7|=3.7$, $|3-5|=2$。特にすべての数に対して、$|a| \geqq a$ が成り立つ。

$|\ |$を絶対値といい、普通は間に数や式を挟んで、$|a|$ とか $|x-3|$ などのように使います。

絶対値というのは易しそうで案外難しい考えです。数直線上での数の絶対値とは、その数と原点との距離を表し、その数が原点からどれくらい離れているか、を表す数値です。

距離なので絶対値はマイナスの数にはなりません。必ず正数か0で、絶対値が0となるのは原点からの距離が0となる場合、すなわち0しかありません。

これを

$$|a| = \begin{cases} a, & a \geqq 0 \text{ のとき} \\ -a, & a < 0 \text{ のとき} \end{cases}$$

で表しますが、これを丸暗記しようとすると、式の意味の解釈をおろそかにしてしまいがちなので難しく感じるのだと思います。多くの中学生にとって難しいのは、絶対値の大きさと数の大小とが必ずしも一致しないからでしょう。絶対値が大きい数ほど原点から離れているのだ、と考えると分かりやすいと思います。

数aの絶対値がaと原点0との距離を表すので、$|a-b|$は数直線をbだけ平行移動して、原点をbと考えたときの数aの原点bからの距離を表し、したがって数直線上でのaとbとの距離になります。距離はどちらから測っても同じなので、$|a-b|=|b-a|$が成り立ちます。

絶対値についてはいろいろな不等式が成り立ちますが、一番基礎となるのは

$$|a+b| \leqq |a|+|b|$$

です。この不等式は「三角形の2辺の和は他の1辺より大きい」という初等幾何学のよく知られた定理の絶対値バージョンですが、中学生に限らず奇妙な難しさを感じる人が大勢いるようです。この不等式を最初の不等号の定義にしたがって形式的に証明しようとすると、いささかまごつく人もいるでしょう。これはa、bが同符号と異符

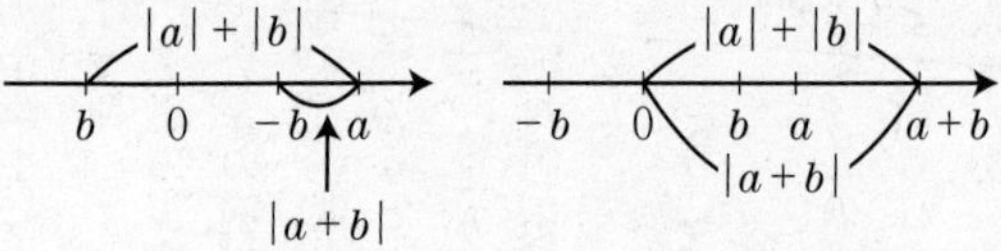

図2.2　図で見るとすっきりわかる

号の場合に分けて、絶対値が原点からの距離だと考えると、幾何学的にすっきりと理解できると思います。

図で、a、bが共に＋なら

$$|a+b|=|a|+|b|$$

また、aが＋、bが－なら

$$|a+b|<|a|+|b|$$

となっています。

2.3

文字

【読み】普通はアルファベットの通り
【意味】さまざまな数や量を表す。また概念そのものも文字で表すことが多い。文字を使用することで具体例なしに概念を表すことができる。
【使用例】未知数 x，定数 a，集合 X，たし算の交換法則 $a+b=b+a$，関数 $f(x)$ など。

文字だけを取り出して数学記号とすることに違和感を持つ人もいるかも知れません。しかし、文字は数学記号の中でもっとも大切なものです。

数学はその出発点から文字を使用していたわけではありません。数と一緒に文字を使った数式を文字式といいます。数学が数の計算技術を拡大して、数一般など概念そのものを研究対象として扱いだした頃に文字式が現れました。最初に文字式を使ったのは紀元3世紀頃のディオファントスといわれています。その後インドやアラビヤの数学を通して文字が使われるようになり、ヴィエト、デカルトなどの数学者が文字を普通に使うようになったのです。

文字式の計算というと、中学生などは難しく面倒な計算の代表と思っているようです。しかしそんなことはないのです。ためしに次の二種類の計算をみてください。

$$\begin{array}{r} 123 \\ \times\ 45 \\ \hline 615 \\ 492 \\ \hline 5535 \end{array}$$

$$\begin{array}{rrrr} & x^2 + & 2x + & 3 \\ \times & & 4x + & 5 \\ \hline & 5x^2 + & 10x + & 15 \\ 4x^3 + & 8x^2 + & 12x & \\ \hline 4x^3 + & 13x^2 + & 22x + & 15 \end{array}$$

この二つの計算を見比べてください。よくみると、二つの計算が同じ構造をしていることが分かるでしょうか。数の計算は「繰り上がり」があるために構造がみえにくくなっているのですが、文字式の計算は文字の繰り上がりがない分、構造がはっきりとみえます。xを10、x^2を100、x^3を1000と考えれば、文字式の計算は10進記数法で書かれた数の計算をそのままなぞっているのです。

数学では、自分がいまやっている計算の構造が分かるというのはとても大切なことです。数学は「構造の科学」という側面を持っているのです。多くの数の計算を暗算でできることができるのは、計算力の向上にとって大切なことですが、計算のスピードが速くなっただけでは、自分が今やっている計算の中身、構造を知ることは難しいでしょう。文字を使うことで計算の構造がみえる、これが文字記号の大きな役割の一つなのです。

もう一つ、私たちは文字を使うことで抽象的な概念を表現することができるようになります。

簡単な例で説明しましょう。小学生が学ぶ数の計算にはさまざまな規則があります。普段は何も考えずに使っていることが多いのですが、改まって考えるといろいろと面白い問題があります。分配法則を例に取りましょう。

$$a(b+c)=ab+ac$$

という計算規則を分配法則といいます。小学校では文字を使わないので、もし説明するとすれば、

$$5 \times (2 + 3) = 5 \times 2 + 5 \times 3 = 10 + 15 = 25$$

のように「数の計算ではかけ算をかっこの内側に分けることができます。これを分配法則といいます」という具合に例示をしなければなりません。文字を使えば例示をせずに分配法則という規則を示すことができます。ほかにも、2次方程式の解の公式などもいい例でしょう。2次方程式はすでに3000年も昔にバビロニアで解かれていました。こう書くと、中学生が学ぶ2次方程式 $ax^2 + bx + c = 0$ の解の公式、

$$x = \frac{-b \pm \sqrt{b^2 - 4ac}}{2a}$$

が記録に残っているような気がしますが、そうではありません。バビロニアの粘土板に記された2次方程式の解法は、特定の方程式の解を求める方法を言葉で表現していて、それがその方程式だけに通用する解法ではなく、一般性のある解き方だったということなのです。2次方程式を一般に表し、その解が公式として書き下せるのは、文字という記号の威力であることを、もう一度確認してください。

2.4

$$\sqrt{} \qquad \sqrt[n]{}$$

【読み】 ルート（平方根）、n 乗根

【意味】「$\sqrt{a}$,（$\alpha \geqq 0$）」は 2 乗すると a となる正の実数、「$\sqrt[n]{a}$」は n 乗すると a となる実数。すこし進んだ数学では複素数まで含めて根号で表し、その場合は n 乗根は n 個ある。

【使用例】 $\sqrt{2} = 1.41421356...$ で循環しない無限小数（無理数）になる。

$\sqrt{-1} = i$, $\sqrt[3]{1}$ は $1, \omega, \omega^2$ の 3 個。ただし、$\omega = (-1 + \sqrt{3}i)/2$ である。ω を 1 の複素立方根ということがある。

中学生になると、正負の数や文字と並んで新しく$\sqrt{}$記号（ルート）を学びます。たとえば、2乗して4になる正の数は2($2^2 = 4$)ですが、2乗して2となる数は今までに知っている数の中にはありません。しかし、$1^2 = 1$, $2^2 = 4$ですから、このような数が1と2の間にあることだけは分かります。この未知の数を$\sqrt{}$という記号を使って

$$\sqrt{2}$$

と書き、ルート2と読みます。$\sqrt{2}$を2乗すると2になる新しい数とするのです。$\sqrt{2}$は分数で表すことが

できません。このように分数では表せない数を無理数といい、今まで学んできた分数で表せる数を無理数と区別するために有理数といいます。

一般に2乗するとa, $(a>0)$となる正の数を$\sqrt{a}$と書いてaの正の平方根といいます。

平方根と無理数の理解は数学の新しい一歩になる出発点です。ここにはいくつか、理解しておくべきポイントがあります。

(1) 分数にならない数とはどういう意味なのか

これを正確に理解するには、小数の理解が欠かせません。私たちはごく日常的に小数に接しています。日頃出てくる数はほとんどが小数で表せます。氷点下4.2度は普通は氷点下$4\frac{1}{5}$度とは表しません。それは小数が10進記数法を1より小さい数にごく自然に延長した数なのに対して、分数はその表現方法も含めていささか複雑な数だからです。

ところで、分数$\frac{a}{b}$は数$a \div b$を表します。この割り算は割り切れて有限小数になるか、あるいは割り切れずに循環する無限小数（循環小数という）になります。したがって、分数にならない数とは循環しない無限小数ということになります。実

際$\sqrt{2}$は

$$\sqrt{2} = 1.41421356 2\ldots$$

と続く無限小数になります。これを「一夜一夜に人見頃に」と語呂合わせで覚えた人は多いと思います（ついでに$\sqrt{3} = 1.7320508$は「人並みにおごれや」、$\sqrt{5} = 2.2360679$は「富士山麓オーム鳴く」です）。もちろん、$\sqrt{2}$が分数にならないことは証明を必要とする事実で、中学校では背理法を扱わないので証明しませんが、高等学校では背理法の典型的な例として学びます。すなわち、$\sqrt{2}$が分数 a/b で表せると仮定して矛盾を導きます。念のため次ページに証明を紹介しておきましょう。

これは普通は、a/b が既約分数で約分できないと仮定しても、約分できてしまうから矛盾であるとします。この矛盾が、$\sqrt{2}$が無理数かどうかという大問題に対していささかとるに足りないことに見えるので、矛盾が起きたことについて不安を持つ高校生もいるようですが、そんなことはありません。数学ではどんな小さな矛盾でも背理法が成立するのです。こうして、分数であらわせない数を無理数といい、それに対

▼$\sqrt{2}$ が無理数であることの証明

$\sqrt{2}$ が既約分数 a/b で表せたと仮定する。よって

$$\sqrt{2} = \frac{a}{b}$$

である。

両辺を 2 乗すると $2 = a^2/b^2$ だから分母を払って $2b^2 = a^2$、したがって a^2 は偶数となり、a 自身も偶数である。したがって、既約性より、b は奇数となる。一方、a は偶数だから $a = 2c$ と表せて、上の式に入れると $2b^2 = 4c^2$ だから、$b^2 = 2c^2$ となり、b^2 は偶数、したがって b も偶数となる。ところが、奇数かつ偶数となる整数は存在しない。よって矛盾。

したがって、$\sqrt{2}$ は分数では表せない。

して以前の分数で表せる数を有理数といいます。

(2) $\sqrt{2}$とはどんな記号なのか

こうして$\sqrt{2}$は数値としては確定できないことが分かりますが、では$\sqrt{2}$とはどんな記号なのでしょうか。

これは「2乗すると2となる正の数」という日本語を略記した記号と考えるといい。いわば、よくわけの分からない数に、とりあえず$\sqrt{2}$という名前をつけてしまおうということです。つまり数学的な唯名論ですが、記号化されたことで$\sqrt{2}$が計算（操作）の対象となることが大切です。

計算の途中で$(\sqrt{2})^2$が出てくるたびに、$\sqrt{2}$の本来の意味「2乗すると2となる正の数」に戻って、$(\sqrt{2})^2$を2で置きかえることができる。こうして普通の数に戻してしまう。この計算は、ある意味でとても簡単ですから、多くの中学生はこの操作性によって$\sqrt{2}$を記号として扱っているうちに、無理数の実在を身体的な感覚として覚えてしまう。これは分数記号に初めて出会う小学生の場合と同じなのだと思います。むしろ記号操作としては分数記号 $\frac{a}{b}$ のほうが複雑で難しいともいえます。

（3）$\sqrt{2}$は本当に在るのか

では$\sqrt{2}$はどのような意味で存在しているのでしょうか。この数はものの個数としては存在していない。$\sqrt{2}$人の人はいませんし$\sqrt{2}$匹の猫もいない。しかし$\sqrt{2}$は1辺が1の正方形の対角線の長さとなる具体的な数です。

最初に述べたように、この長さを正方形の辺の長さを単位として測りきることはできませんでした。しかし、次のような手続きで、必要なだけ詳しくこの数を追い求めていくことができます。

まず、$1^2 < 2 < 2^2$ですから、$\sqrt{2}$は1と2の間にあります。次に$(1.4)^2 < 2 < (1.5)^2$ですから、$\sqrt{2}$は1.4と1.5の間にあります。さらに$(1.41)^2 < 2 < (1.42)^2$ですから、$\sqrt{2}$は1.41と1.42の間にあります。この操作は理論的にはいくらでも続けることができ、たとえば小数点以下7桁（けた）までの数値が欲しければ、電卓でも容易に

$$1.4142135 < \sqrt{2} < 1.4142136$$

という不等式を見つけることができます。こうして$\sqrt{2}$の値をいくらでも詳しく求め

ていくことができるのです。

この原理を区間縮小法の原理といいます。両側から不等式を狭めていけば一つの実数が決まるというのは、実数のもっとも大切な性質の一つなのです。

もちろん、この操作の途中で＝が成り立つところが見つかれば、$\sqrt{2}$の値が正確に分かったことになります。しかし、そうすると$\sqrt{2}$が分数（有理数）になってしまい矛盾します。

したがって、操作の途中で＝になることはありません。操作を無限回繰り返すことは人間には不可能なので、残念ながら$\sqrt{2}$の値を「正確に」求めることはできませんが、原理としてはどんな精度でも求めることができます。これは他の平方根数でも同じことです。

こういう操作を通して私たちは平方根の存在を実感することができるのだと思います。

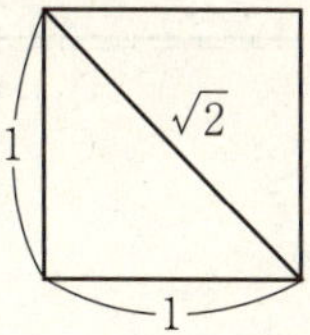

図2.3　正方形の対角線

2.5

π

【読み】パイ（円周率）

【意味】円の円周と直径の長さの比を表す特別な定数。すなわち、直径を1としたときの円周の長さを表す。値は $\pi = 3.14159265358979...$ と循環しない無限小数（無理数）になる。計算には半径を使うことが多い。

【使用例】半径が r の円周は $2\pi r$、面積は πr^2。

中学生は新しい数として√で表される無理数を学びますが、無理数そのものはすでに小学校の段階で出てきます。それが円周率 π（パイ）です。小学校では文字記号を使わないので円周率はだいたい3.14だとして円周の長さや円の面積を計算してきました。余談ですが、円周率をだいたい3だと覚えておくことは大切なことで、円の周囲はだいたい直径の3倍あるのです（缶ビールの周囲と高さではどちらが長いでしょうか? 缶ビールを横に3本並べて、その長さと缶ビールの長さを較べてみて下さい）。

子供たちは円周の長さを「直径×3.14」あるいは「$2\pi r$」と覚えます。したがって、円周率とは具体的な長さでいえば、直径が1の円周の長さ、あるいは、半径が1の円（数学ではこの方がよく使われます。単位円といいます）の半円周の長さです。今度も$\sqrt{2}$が正方形の対角線の長さとなるのと同じで、この長さが「ある」ことはまちがいないでしょう。ではいくつになるのか。

$\sqrt{2}$の場合、2乗して2となる数なので、電卓を使っても追い求めることができました。しかし、円周の長さの場合はそう簡単ではありません。図2.4のように、直径1の円に内接する正6角形と外接する正方形の周の長さを考えると

$$3 < \pi < 4$$

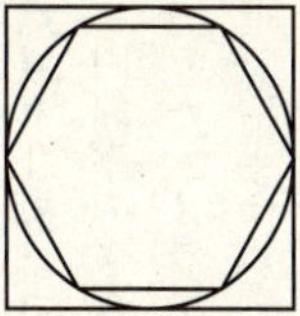

であることが分かりますが、これ以上の詳しい数値は分かりません。古代ギリシアの数学者アルキメデスは円に内接する正多角形の辺の数を増やしていき、正96角形までを求め

$$3\frac{10}{71} < \pi < 3\frac{10}{70}$$

図2.4　内接正６角形と外接正方形

という不等式を得ました。96は6×2^4です。これを計算するとπの値を正確に小数点以下3桁まで求めることができ、$\pi = 3.14\ldots$であることが分かります。

円周率のさらに詳しい値がいくつになるのかは、いつの時代でも数学者の興味の的でした。オランダではルドルフがアルキメデスの方法を用いて1609年に小数点以下34桁までを計算しました。紙とペンによる記録は1853年のシャンクスによる707桁ですが、この計算は小数点528桁以降は間違っていました。和算では1723年に江戸の数学者建部賢弘が小数点以下41桁、1739年には松永良弼が小数点以下50桁まで計算しましたが、これは当時、世界第一級の記録でした。

20世紀に入り、円周率計算の主役はコンピュータ学者に移り、1987年には日本の金田康正たちのチームによって1億桁を越えました。現在は長野在住の近藤茂らによって10兆桁が達成されています。なお、円周率を表すπという記号はオイラーによって使われたのが最初です。それにしても円周率という単語はπの内容を見事に表現したいい用語だと思いますが、最初に使ったのは江戸の大数学者関孝和のようです。

2.6

∠ △ ⊥ ∥ ≡ ～ ∴ ∵ 「q.e.d.」

【読み】「∠」は角、「△」は三角形、「⊥」は垂直、「∥」は平行、「≡」は合同、「～」は相似、「∴」はゆえに、「∵」はなぜならば（なんとなれば）、「q.e.d.」は証明終わりと読む。相似は「∽」とも書く。

【意味】最初の四つの記号は象形文字である。合同は図形がぴったりと重なること、相似は形が拡大縮小を除いて同じことを表す。「ゆえに」は前段の議論から導かれることを、「なぜならば」は前段の議論の理由を表す。q.e.d. はユークリッドの原論でも使われたラテン語の「quod erat demonstrandum」の頭文字で、「これが証明すべきことであった」の意味である。

【使用例】∠R は直角を表す。以下、△ ABC、AH ⊥ BC、MN ∥ BC、 △ ABC ≡ △ DEF、 △ ABC ～ △ DEF などと三角形や線分を表す記号と一緒に使う。

以下の節で平面幾何学についての記号を少し紹介しましょう。

平面幾何学の記号は今までに紹介した代数の記号とは少し性格を異にしたところがあり、πなどの記号に近いと思います。それはいわば、「略記法」です。いちいち円と直径の比などといわずに円周率といい、さらにそれを記号πで表すのに似ています。では順にいくつかの記号を見ていきましょう。

∠ 角　∠ABC　∠B

これは象形文字です。角を∠で表すのですから間違いようがない。普通は角の頂点Bを挟んで辺上の点AとCをとり、∠ABCと書きますが、状況によって間違いがなければ、頂点だけを取り出して∠Bと書きます。角ABCと書くのと∠ABCと書くのではどれくらいの違いがあるのか分かりませんが、次の二つの文章を読み比べてください。

「三角形ABCで、辺ABと辺ACが等しいならば、角Bと角Cは等しい」
「△ABCで、AB = AC ならば ∠B = ∠C」

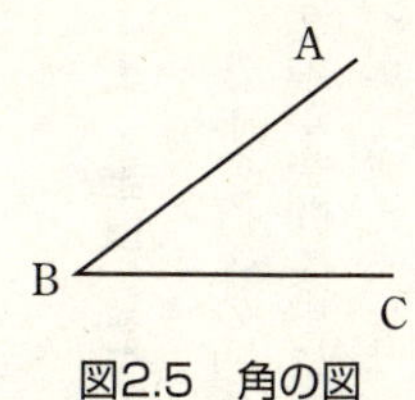

図2.5　角の図

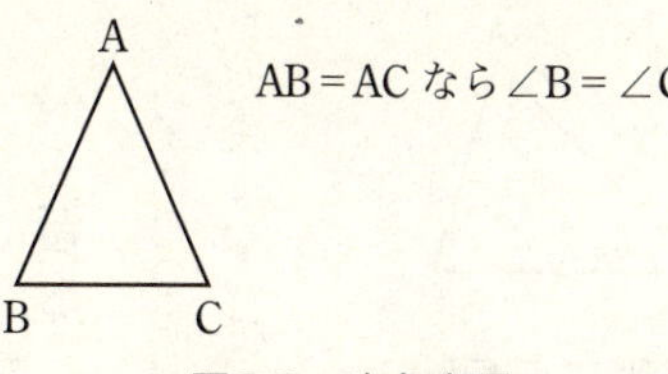

図2.6　底角定理

この文章はどちらも同じことをいっていて、中学生が最初に学ぶ平面幾何の定理の一つ、2等辺三角形の底角定理です。結局、三角形とか角とか等しいという数学用語を、△、∠、＝という数学記号に置き換えただけです。もちろんそれまでの数学学習の経験量なども関係してくるので一概にはいえないと思いますが、普通は左の文章のほうが分かりやすいのではないでしょうか。これが数学記号の一つの効果なのです。

角のなかで直角は特別な地位にあります。2直線が交わってできる四つの角がすべて等しいとき、この角を直角といいますが、直角だけは記号∟で表します。また、直角のことを英語でRight angleというので、直角を∠Rとも書きます。直角は2本の直線の特別な関係を表していて、角をどういう単位で測るかには関係していません。どんな単位で測ろうとも、直角は直角なのです。直角を単位にして角の大きさを測るなら、改めて角の単位をきめる必要がない、そんな意味合いを込めて、直角をRight angleというのだと思います。

△　三角形　△ABC

すでに角の説明で使ってしまいましたが、三角形を表す△も象形文字です。これも見たままなので、あえて覚えるということもありません。普通は頂点を書き添えて△ABCと書きます。この記号は中学校以来、三角形が出てくる数学のあらゆる場面で使われるようになります。これを一般化して、四角形を□などと書くこともありますが、四角形はともかく、五角形以上では、象形文字として五角形、六角形を使うことは普通はありません。△は中学生にはなじみ深い記号だと思います。

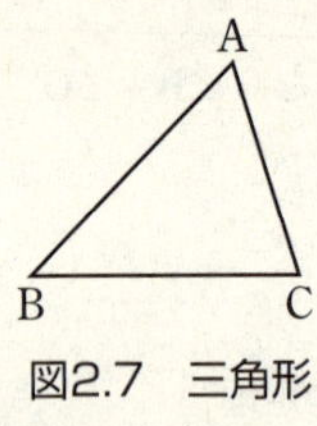

図2.7　三角形

⊥　垂直　と　∥　平行

2本の直線の関係を表す記号です。2直線の関係は2本が同じ平面上にある場合と、2本が空間の中にある場合とで少し違ってきます。最初に同じ平面上にある2直線について考えましょう。

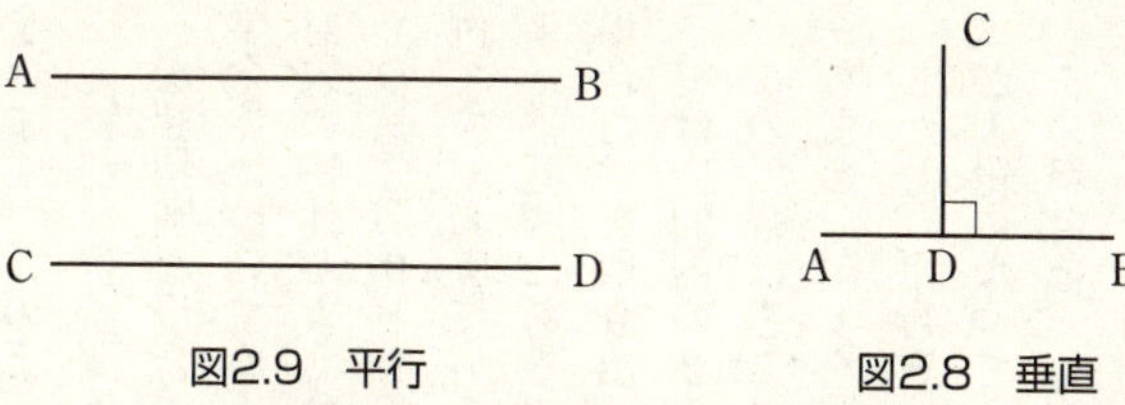

図2.8　垂直

図2.9　平行

同じ平面上で直角に交わる2直線（2線分）を互いに垂直であるといい、記号 $\ell \perp m$、あるいは AB⊥CD と表します。直角の2辺も互いに垂直ですが、この場合は記号⊥は使わず、直角を表す記号を使うようです。

同じ平面上で交わらない2直線を互いに平行であるといい、記号 $\ell /\!/ m$ で表します。平行とは元々無限に延びた2直線に対する概念なので、線分が平行というのは、交わらないという意味を「この線分をどこまで延ばしても交わらない」と考えて使います。このときは AB∥CD と書きます。

平面上の2直線の関係で一般的なのはどんな関係でしょうか。それは2直線が交わっているときです。2直線が交わっているという状態は、直線を少し動かしても（摂動させても）変わりません。その意味で、交わる2直線は安定しています。安定している状態にある2直線を一般の位置にあるといいます。これに対して、垂直や平行という位置関係にある2直線はどんなに少しでも動かしてしまうと、垂直や平行という状態を崩してしまいます。このように、垂直、平行は2直線の特別な位置関係で、結局、幾何学ではこの特別な位置関係だけを取り出して記号化したのです。

なぜ特別な場合だけを記号化したのでしょうか。これは数学だけではなく、自然科学全体についていえることだと考えますが、特殊な場合を研究することによって研究対象の特性がよく分かる、ということがあるのだと思います。数学では曲線や曲面でその微分が0となる点を特異点といいます。曲線の極大、極小は特異点の一番簡単な例です。考えている曲線の特徴は特異点に端的に表れます。これが極値を考えることの一番基底にあるアイデアです。2直線の位置関係で、一般の場合ではない、特別な場合だけを取り出して記号化したのは、その考え方に通底するものがあると思います。

では空間内の2直線ではどうでしょうか。

この場合はどこまで延ばしても交わらない2直線を平行という、という定義は成り立ちません。よく知られているように捻(ねじ)れの位置にある2直線が存在するからです。

しかし、平行という概念は空間の中でも成り立ちます。たとえば、直方体の辺は4本が1組になって平行になっています。

この場合は、4本の直線が同じ平面上に乗っているわけではありませんが、どの2本をとっても同じ平面上にあって平行になっている、という意味で、この4本は平行です。一般に、空間の中の直線群｛ℓ｝がどの2本を取っても同一平面上にあり平行になっているとき、この直線群｛ℓ｝は平行直線群であるといいます。

では垂直はどうでしょうか。同じ平面上にない2直線が垂直であるということがあるのだろうか。垂直という言葉を文字通り「直角に交わる」と解釈すれば、同じ平面

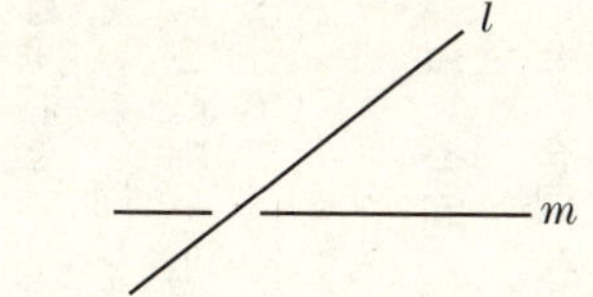

図2.10　捻れの位置にある直線

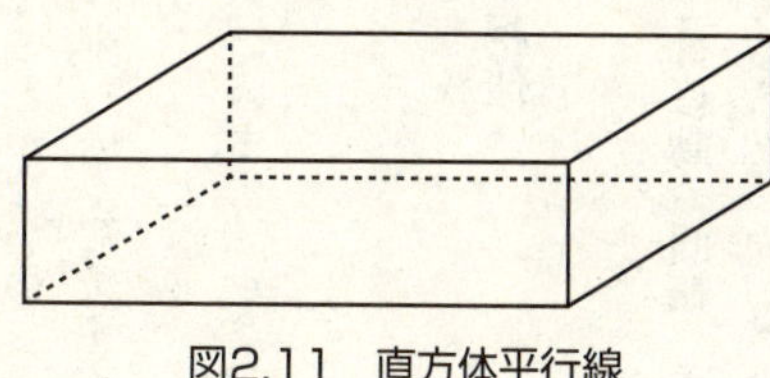

図2.11　直方体平行線

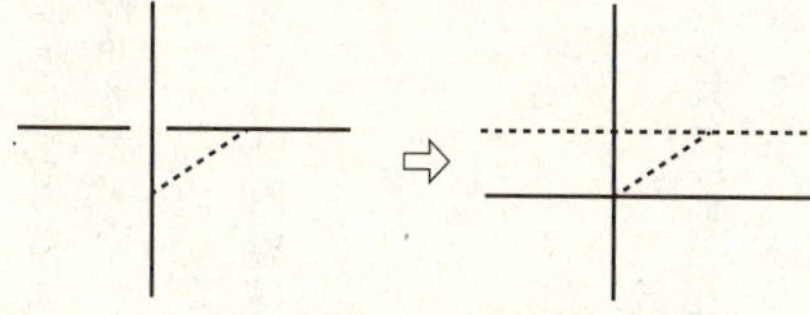

図2.12　空間内2直線の垂直

上にない2直線は交わることがないのですから垂直はあり得ません。しかし、数学では垂直という言葉をもう少し広く解釈するのが普通です。片方の直線を平行に動かしていき、同じ平面上にあるようにする。このとき2本の直線が垂直に交わるなら、元の2直線も垂直であるといいます。ただ、この場合も2直線は直交するとはいわないようです。

≡ 合同と〜相似

≡ 合同

二つの図形X、Yが平行移動や回転、裏返しなどの移動でぴったりと重なるとき、この二つの図形は合同であるといい、X≡Yと書きます。ぴったりと重なるのだから、重なった辺の長さや角の大きさは等しい。これが中学校以来の平面幾何の証明で一番の基礎となる事柄です。

ではどんな場合に重なるのだろうか。これが三角形の合同条件となって説明されるのですが、その基礎になる事柄を少し考えてみると、ちょっと不思議なことが分かります。

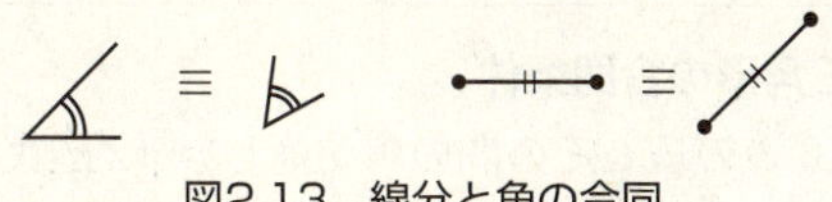

図2.13　線分と角の合同

たとえば、線分や角が合同になるのはどういうときなのだろうか。線分が動かして重なるのはどういうときか。それは線分の長さが等しいときです。線分が合同なら長さが等しいのも当たり前ですから、結局、線分の場合は合同とは長さが等しいことの言い替えに過ぎません。角についても同じで、二つの角が移動で重なるのは大きさが等しいときで、角が合同なら大きさが等しいのですから、角の場合も合同とは大きさが等しいことの言い替えです。では辺の長さや角の大きさが等しいことを合同を使って証明するとは、循環論法にならないのでしょうか。

ここに三角形の合同条件の役割があります。合同の定義からすれば、二つの三角形が合同になるには、対応するすべての辺や角が等しくなければなりません。しかし、三角形の3本の辺と三つの角は、条件を満たす三つの要素が等しければ合同になり、残りもまた等しくなることがいえる。こうして循環論法にならずに証明ができるのです。確認のため、以下に三角形の合同条件を書いておきます。

▼三角形の合同条件

1　2つの辺とその間の角が等しい（2辺夾角）
2　2つの角とその間の辺が等しい（2角夾辺）
3　3つの辺が等しい（3辺相等）

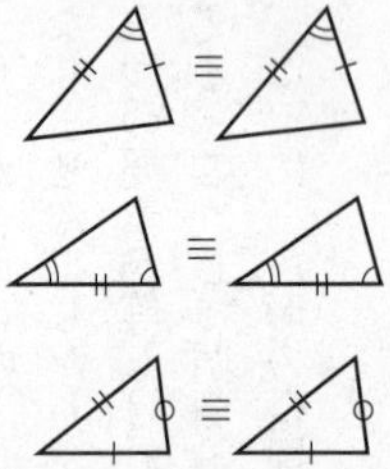

図2.14　三角形の合同条件

このうち一番基本になるのが1の2辺夾角（きょうかく）の合同条件で、2角夾辺、3辺相等の合同条件はこれを使って証明することができます。

～相似

相似とは形が同じで大きさだけが違うことをいいます。

私たちが普通に形と読んでいるものは、相似な図形をひとまとめにしている場合も多い。たとえば、円は形としては一つしかありません。すべての円は相似なので、円といわれれば誰でもが同じ形を思い浮かべることができます。少し意外かも知れませんが、放物線もすべて相似です。細長い放物線や平たい放物線があるように見えますが、あれはすべてサイズの違いであって、拡大や縮小をすると放物線を重ねることができます。一方で、楕円は相似になりません。円に近い太った楕円や細長い

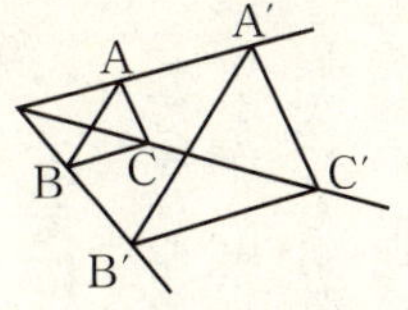

図2.16　相似三角形

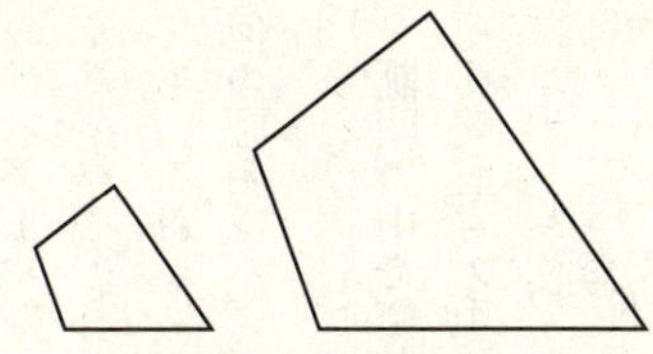

図2.15　相似図形

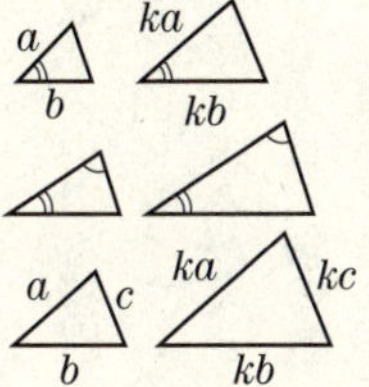

図2.17　三角形の相似条件

▼三角形の相似条件

1　2つの辺の比とその間の角が等しい

2　2つの角が等しい

3　3辺の比が等しい

スマートな楕円があり、これは、拡大、縮小では重ねることができないのです。

一番基本になるのは三角形の相似で、三角形が相似になるのは対応する辺の比がすべて等しく、対応する角がすべて等しい場合です。

平行線と比、同位角などの関係を調べれば、三角形の相似条件が分かります。

＊注／相似を記号∽で表すことも多い。

相似条件と合同条件を較べてみてください。ここでは三角形の内角の和が１８０度になることが利いているのが分かります。

∴ゆえに と ∵なぜならば

初等幾何学の証明は数学の中でも特別な位置にあるようです。証明は何人かの数学嫌いを作り出してしまう要因になっている。その一方で、極端な幾何マニアを作り出す原因でもある。つまり好き嫌いが大きく分かれてしまう分野のようです。また、初等幾何の証明の技法そのものは、後の数学に大きく影響するのですが、内容的にはそれほどの影響を持たない。誤解を恐れずにいえば、初等幾何学の証明はとても面白い数学パズル、一昔前ならルービックキューブ（今もまた流行しているのでしょうか、たくさんのサイトがあるようですが）、現在なら数独のようなものです。それを知らなくても、これから先の数学にそれほど大きな支障がでるわけではない、しかし、初等幾何の証明はパズルとして面白く、かつ、知っていればそれなりに役立つということです。

証明の中で使われる記号のほとんどが、象形文字としての略記号だと説明しました。その略記号の中で、象形でないものの代表が表記の二つ、∴ゆえに、と、∵なぜならば（少ししかつめらしく、なんとなればというオールドファン〈失礼！〉もいるかも知れません）です。日本語で、ゆえに、とか、したがってと書くかわりに∴と三つ点を打つ。

あるいは、なぜかといえば、とかその理由はと書くかわりに∵と三つ点を打つ。∵がなぜゆえになのかはよく分かりませんが、初めてこの記号を学んだとき、ゆ・え・に・、だから三つ点を打つんだといわれた記憶があります。この話が正しいなら、∵はなぜ・なら・ば・、なのかも知れませんね。

q.e.d.

数学の証明の終わりにはよくq.e.d. と書かれることがあります。外国の論文でも証明の終わりにこう書いてあるものもあります。ユークリッドの原論では証明の最後に「これが証明すべきことであった」と書かれています。原論で証明の最後に書かれているこの言葉はラテン語では「quod erat demonstrandum」といいます。q.e.d. はこの言葉の頭文字をとったものです。日本語では「証明」から始まり、「証明終」で終わる文章がその定理の証明を表していますが、英語表記では、「proof」から始まり、「q.e.d.」で終わる文章が定理の証明を表しています。

今まで主に小学校、中学校で出てくる数学記号の意味と簡単な使い方などについて説明してきました。高等学校になると、いよいよ本格的な数学記号がいくつか登場します。次にそれを眺めてみましょう。

第3章

少し進んだ数学記号たち

―― 高校で学ぶこと

3.1

$y = f(x)$

【読み】 ワイイコールエフエックス

【意味】 y が x の関数であることを表す。f は英語の function(機能)の頭文字で、f に続く g, h、ギリシア文字の ϕ(ファイ)，ϕ(プサイ)なども関数を表す文字としてよく使われる。

【使用例】 $y = f(x) = x^2 - x - 6$ を2次関数とする。$f(x)$ を任意の連続関数とする。

関数の考え方そのものは、小学校の正比例(比例)にその源流があります。「伴って変わる二つの量があり、片方が2倍、3倍…、になるともう一方も2倍、3倍…、となる量を比例するという」これが標準的な小学校での正比例です。

同じ割合で変化するというのは、正比例のとても大切な性質ですが、これを「片方が増えるともう一方も増える」と記憶している人も多いようです。残念ながら、増えると増えるという関係は正比例にはなりません。小学校ではこの関係を表を使って確認します。

x	1	2	3	4	…
y	3	6	9	12	…

中学校になると、関数という用語が登場し、正比例関数、1次関数、2乗に比例する関数がでてきます。文字の使用も始まるので、正比例を$y=ax$という記号で表せるようになります。正比例とはこの式で表される関数だ、と記憶している人も多いようです。こうすると、比例定数aがマイナスの場合は、xが増加するとyが減少するので、「片方が増えるともう一方も増える」という正比例の理解が正確ではないことも分かります。

ここまではいわば具体的な関数といっていいでしょう。こうして中学校では1次関数$y=ax+b$や2乗比例の2次関数$y=ax^2$を学びます。

高等学校になると、抽象的に関数そのものを扱うようになります。そのための記号として登場するのが$y=f(x)$です。これを普通に「yイコールエフx」と読みます。関数のことを英語でfunctionというので、その頭文字をとって$f(x)$と書くのです。xにfを作用させてyに変える機能だと考えると分かりやすく、これを工学的に$x \xrightarrow{f} y$と書いて、xを入力、yを出力としても分かりやすいと思います。

工学ではこれを、fはxを入力としyを出力とするブラック

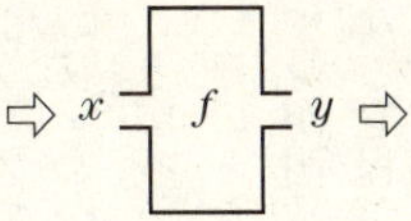

$$\Rightarrow x \; \boxed{f} \; y \Rightarrow$$

図3.1　ブラックボックスとしての関数

ボックスであると考えますが、このブラックボックスという概念はそのまま数学教育に取り入れられて、現在、数学教育では抽象的な関数はブラックボックスとして扱うことが多いようです。

そのときは、代数式で表された関数、たとえば、$f(x) = 2x^3 - 3x + 3$などは関数の中身が明示されている、いってみればホワイトボックスとなり、xが加工されてyになる過程が分かるわけです。

関数の抽象度をもう少し上げると、関数とは数の対応の機能である、という理解にたどり着きます。この場合は$f(x)$のxを省略して、$f : X \to Y$と書くことも多く、関数という言葉の代わりに写像という用語を使います。写像になると、xが入力であるという感覚は少し薄くなり、代わりに、対応のさせ方という側面が強くなります。したがって、写像（関数）が式で表せている必要はなく、たとえば

$$f(x) = \begin{cases} 1, x \text{が有理数} \\ 0, x \text{が無理数} \end{cases}$$

なども関数となります。もっとも、この関数は数式で表すことができます。興味があ

る人のためにその数式を紹介しておきましょう（limについては142ページで説明します）。

$$f(x) = \lim_{n \to \infty}\left(\lim_{m \to \infty}(\cos(m!\pi x))^n \right)$$

この式が右の関数を表すことを確かめてください。

ところで、高等学校では個別にいくつかの関数を学びます。簡単なのはxの代数式で表される2次関数とか3次関数などですが、ほかに$\sin x$、$\cos x$、$\tan x$、e^x、$\log x$などという記号で表される関数を学びます。

それらについて、次節で説明します。

3.2

$\sin x, \cos x, \tan x, e^x, \log x$

【読み】 サイン x、コサイン x、タンジェント x、イーの x 乗、ログ x

【意味】 それぞれ三角関数（サイン、コサイン、タンジェント）、指数関数、対数関数を表す。対数関数の場合は普通は自然対数とし、底は e を取る。（e については別項目 174 ページ参照）

【使用例】 $y = \sin x$ は 2π を周期とする周期関数である。
$y = \log x$ のグラフは必ず点 $(0, 1)$ を通る。

$\sin x$、$\cos x$、$\tan x$、e^x、$\log x$ はそれぞれサイン、コサイン、タンジェント、イーの x 乗、ログと読みますが、数学嫌いの人にはだいぶ恨みのある記号らしい。ある講演会で log を使ったとたん、会場から「あっ、これ、俺ダメ！」という声が挙がったことは「はじめに」で紹介しました。そこには数学の内容というより数学記号に対する拒否反応があるような気がしています。その拒否反応を解消することも本書の目標の一つです。

では、これらの関数を順番に調べていきましょう。

三角関数

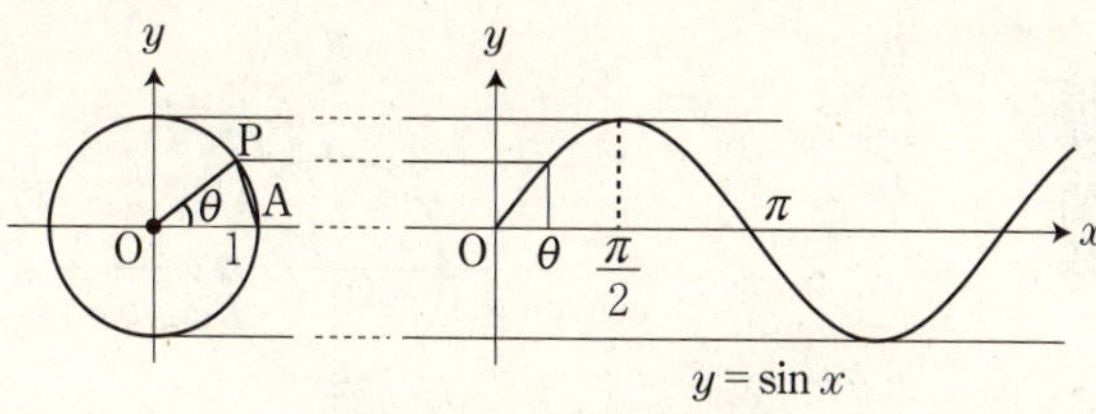

図3.2　単位円と三角関数

$\sin x$、$\cos x$は単位円周上を回転運動している点Pの座標を表すと考えると分かりやすい。このときの変数xは点A(1, 0)から点Pまで円周に沿って測った長さです。こうしてAから円周にそってxだけ動いた点Pのx座標が$\cos x$でy座標が$\sin x$です。この長さxをラジアンと呼びます。

長さxは∠POAの大きさを表しているわけで、このように度ではなく、ラジアンという単位で角を測ることができます、ラジアンが実際の長さになっていることは十分注意しておきましょう。

また、$\tan x$は動径OPの傾きを表す関数です。すなわち、$\tan x = \dfrac{\sin x}{\cos x}$です。

さて、これで三角関数が決まりますが、この定義をよく考えてみると、ここには中学生が$\sqrt{2}$を初めて学んだときと同じ状況があることが分かります。$f(x) = \cos x$とは「円周上を定点A(1, 0)からxだけ進んだ点のx座標」の略記号なの

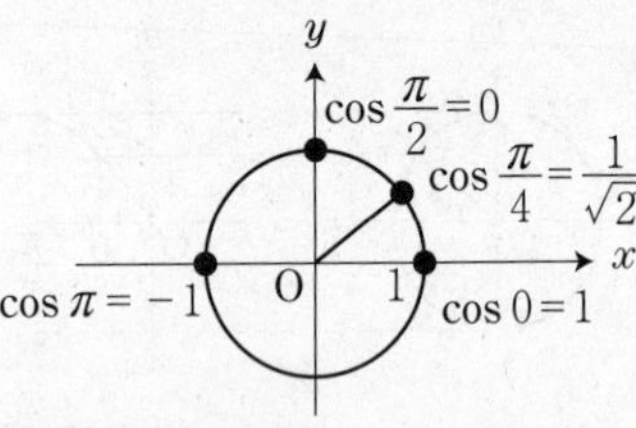

図3.3　単位円と三角関数の値

です。

私たちは半径1の円周の長さが2πであることを知っていますから、円周上の動点が特別な位置、たとえばちょうど円周の$\frac{1}{2}$や$\frac{1}{4}$や$\frac{1}{8}$になったときは、その点の座標を容易に知ることができます。

つまり、

$$\cos\pi = -1,\ \cos\frac{\pi}{2} = 0,\ \cos\frac{\pi}{4} = \frac{1}{\sqrt{2}}$$

などが幾何学的な考察から分かります。

しかし、たとえば、cos1がいくつになるのかは残念ながら簡単には分かりません。このような値を、たとえば関数電卓はどうやって求めているのか、これについては後で考えてみます。

私たちはすでに中学校でnが正整数のときは、2^nが2をn個繰り返してかける$2\times2\times2\times\cdots\times2\times2$の略記法であることを学んでいます。$n$のことを累乗の指数といい、2のことを底といいます。

累乗は高等学校で一般の指数xについての2^xに拡張されます。2^{-2}や$2^{\frac{1}{2}}$とはどんな意味なのかを考えるわけです。そのままでは2を-2個かけるとか、2を$\frac{1}{2}$個かけるというのは意味を持ちません。

一般に1でない正数aについて、aをn個かける演算をa^nと書きます。これから、一般の指数xについて、a^xを決めていきます。

ここでもっとも大切なのは、指数が拡張されても全体を貫く指数法則は変わらない、とすることです。数学では概念を拡張するとき、この「形式は不変である」という原理を大切にします。ここにも数学が形式を扱う学問であるという性格が出ていると思います。

指数法則は次のような規則でした。ここでは底はaとします。

$$a^{m+n}=a^m\times a^n,\quad a^{m-n}=a^m\div a^n,\quad (a^m)^n=a^{m\times n}$$

これらはいずれも、指数m、nを正の整数とし、aを何個かけるか、その個数を表していると解釈すれば、成り立つことが分かります。この指数法則が一般のxについても成り立つと考えて指数を拡張していくのです。$a = a^1 = a^{1+0}$ですが、a^{1+0}に指数法則が成り立つとすれば、

$$a^{1+0} = a^1 \times a^0$$

つまり

$$a = a \times a^0$$

となり、したがって、

$$a^0 = 1$$

となりますから、$a^0 = 1$と決めます。

次に、

$$1 = a^0 = a^{n-n} = a^n \times a^{-n}$$

ですから、

$$a^{-n} = \frac{1}{a^n}$$

とします。つまり $2^{-3} = \frac{1}{2^3} = \frac{1}{8}$ などとなります。

また、分数の場合も指数法則が使えると考えると、

$$a = a^1 = a^{\frac{1}{2}\times 2} = \left(a^{\frac{1}{2}}\right)^2$$

ですから、$a^{\frac{1}{2}}$ は2乗すると a となる（正の）数となります。一般に

$$\left(a^{\frac{1}{n}}\right)^n = a^1 = a$$

ですから、$a^{\frac{1}{n}}$ は n 乗すると a となる（正の）数です。ですから

$$a^{\frac{1}{n}} = \sqrt[n]{a}$$

と決めます。つまり、$2^{\frac{1}{3}} = \sqrt[3]{2}$ などとなります。

こうして、すべての有理数 n/m について、1でない正の数 a にたいして

$$a^{\frac{n}{m}} = \sqrt[m]{a^n}$$

と決めるのです。

左辺は新しい記号ですが、右辺は私たちが知っている（と考えている）記号で、m 乗すると a^n となる数を表します（ここは微妙なところで、右辺にしても「m 乗すると a^n

となる数」の略記法ですから、これは同じ内容を別の言葉〈記号〉で表しているに過ぎません)。

たとえば、$10^{0.3}$を例に取りましょう。$0.3 = \frac{3}{10}$ですからこの数は$10^{\frac{3}{10}}$を表し、約束にしたがって、これは10乗すると$10^3 = 1000$となる数を表しています。

ところで、$2^{10} = 1024$ですから、この数はだいたい2に等しい。つまり、$10^3 \fallingdotseq 2^{10}$だから両辺の10乗根をとって、$10^{\frac{3}{10}} \fallingdotseq 2^{\frac{10}{10}} = 2$となりますから、

$$10^{0.3} \fallingdotseq 2$$

となっています。

これをもう少し詳しくすると、$10^{0.301} = 10^{\frac{301}{1000}}$ですから、$10^{0.301}$は１０００乗すると10の３０１乗、つまり１０００乗すると10000000…000000（1の後に0が３０１個つく数）となる数を表します。ところが、２の１０００乗は、すべてを書くと

2^{1000} =
10715086071862673209484250490600018105614048117055336074437503883703510511249361224931983788156958581275946729175531468251871452856923140435984577574698574803934567774824230985421074605062371141877954182153046474983581941267398767559165543946077062914571196477686542167660429831652624386837205668069376

となり、だいたい10の301乗になります。ですから前と同じように$10^{301} \fallingdotseq 2^{1000}$となり、両辺の1000乗根をとれば、$10^{\frac{301}{1000}} = 2^{\frac{1000}{1000}} = 2$ですから、

$$10^{0.301} \fallingdotseq 2$$

です。

こうして、指数関数

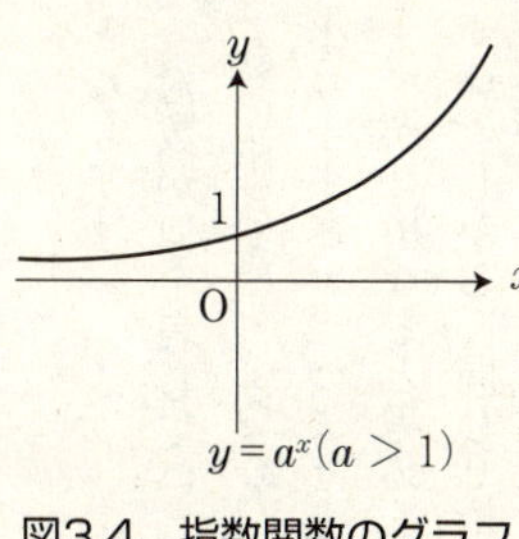

図3.4　指数関数のグラフ

$f(x) = a^x$,　a は $a \neq 1$ である正の数

が決まります。

対数関数

この指数関数を反対側からみたものが対数関数にほかなりません。つまり、対数とは $y = a^x$ のとき、この x と y を入れ替えて $x = a^y$ としたものです。この y のことを x の（底を a とする）対数といい、$y = \log_a x$ と書くのです。ですから、どんな x についても、

$$a^{\log_a x} = x$$

が成り立ちます。これは対数の定義の式そのものです。

これを前の指数と見比べてみると、$10^{0.301} \fallingdotseq 2$ でしたから、$0.301 \fallingdotseq \log_{10} 2$ というこ

となり、2の10を底とする対数はだいたい0.301になります。もう少し正確にいえば、$\log_{10} 2 = 0.3010$ となります。以下、10を底とする対数の近似値を並べてみると（簡単のため、対数を底の10を省いて書きます。これを常用対数といいます）、

$$\log 3 = 0.4771,$$
$$\log 4 = 0.6021,$$
$$\log 5 = 0.6990,$$
$$\log 6 = 0.7782,$$
$$\log 7 = 0.8451,$$
$$\log 8 = 0.9031,$$
$$\log 9 = 0.9542,$$
$$\log 10 = 1$$

となります。

対数が何を表しているのかは定義に述べたとおりですが、10を底とする対数とは「数の桁数（けたすう）だ」と考えると分かりやすいのです。ただし、対数的な桁なので普通の桁より1小さい。つまり1から9までが0桁、10から99までが1桁、100から999までが2桁などと考えるのです。これは1のあとにつく0の個数と考えると分かりやすい。しかし、同じ0桁の数といっても、1と5では大きさが違う。そこでこの桁数

をもう少し細かく刻むことにする。つまり、$\log 5 = 0.6990$なので5は０．６９９０桁とする。このように拡張した桁数の概念が対数にほかなりません。たとえば対数で考えて2桁の１００と3桁の１０００をかけると１０００００となり（対数で）5桁の数になりますが、桁数の計算は$2 + 3 = 5$で、2桁の数と3桁の数をかけると5桁の数となっています。これが対数がかけ算をたし算に直す原理です。

普通はこれを

$$2 \times 5 = 10^{0.3010} \times 10^{0.6990} = 10^{0.3010 + 0.6990} = 10^{1.0000} = 10$$

と計算します。10の肩の指数が2や5の（対数）桁数を表していて、数のかけ算が桁数のたし算になっています。これを指数ではなく対数で表したものがいわゆる対数計算です。

$$\log(2 \times 5) = \log 2 + \log 5 = 0.3010 + 0.6990 = 1.0000 = \log 10$$

指数の式と対数の式が同じ内容を裏表から見ていることを確認して下さい。

▼対数法則

$$\log ab = \log a + \log b,$$

$$\log\frac{a}{b} = \log a - \log b,$$

$$\log a^b = b\log a$$

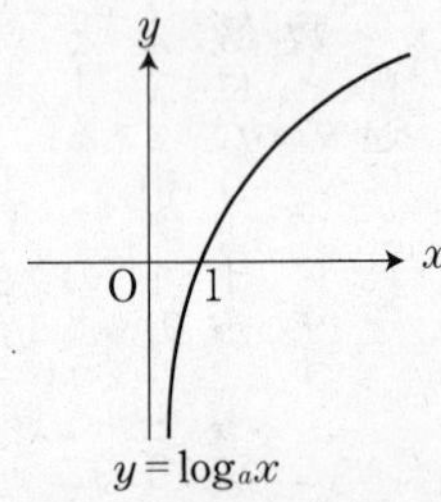

図3.5　対数関数のグラフ

こうして、指数法則は上のような対数法則に翻訳することができます。

もう一つ、対数を「桁数」と考えると、0桁の数は1から9まで9個しかないのに、1桁の数は10から99まで90個もあり、2桁の数は100から999まで900個もあります。

1桁増えるだけで個数は10倍ずつ増えていく。逆にいえば、桁数は数の増え方に対してそれほど増えないことも分かります。これは指数・対数を考える上で覚えておくと便利です。

最後に対数関数のグラフ（図3.5）も紹介しておきます。

3.3

$\sum$ $\prod$

【読み】シグマ1からnまでの和、プロダクト1からnまでの積

【意味】いくつかの数や項、関数などの和や積を表す。無限個の和を表す場合もある。

【使用例】$\displaystyle\sum_{k=1}^{n} k = \frac{1}{2}n(n+1)$

$$\sum_{k=1}^{n} k^2 = \frac{1}{6}n(n+1)(2n+1) \qquad \sum_{k=1}^{\infty} \frac{1}{k^2} = \frac{\pi^2}{6}$$

$$\prod_{p:\text{素数}} \frac{p}{p-1} = \sum_{k=1}^{\infty} \frac{1}{k}$$

三角関数も対数記号も高等学校で初めて登場する数学記号ですが、高校で学ぶ数学記号のトップスターの一つは、なんといっても和の記号Σではないでしょうか。Σはとても便利な数学記号なのですが、最初のとっつきが少し悪い。それはこの記号の中に変数が使われるからでしょう。

この記号は、普通はいくつかのものの和

$$a_1 + a_2 + a_3 + \cdots + a_n,$$

を、簡単に

$$\sum_{k=1}^{n} a_k$$

と表すために使います。これを「シグマa_k、$k=1$から n まで」とか「a_kの$k=1$から n までの和」などと読みます。Σは略記法ですから、最初少し分かりにくいと思ったら、元の式に戻して考えるといいのですが、使い慣れればこんなに便利な記号はありません。

Σを使う上で大切な注意を一つあげておきます。

Σの中に出てくる文字kは和をとるための形式的な変数で、式の内容には関係しません。具体的には$\sum_{k=1}^{n} a_k$は$\sum_{i=1}^{n} a_i$と書いても$\sum_{t=1}^{n} a_t$と書いても同じ内容を表すということです。

Σの中に出てくるkとa_kについている添え字のkとが揃っていれば、使われている文字には関係なく同じ和を表しています。この性質は線形代数学などの計算で使われることがあります。

いくつか簡単な例を示しましょう。

$$1+2+3+\cdots+(n-1)+n=\sum_{k=1}^{n}k$$

これは1からnまでの自然数の和で、公式として書けば

$$\sum_{k=1}^{n}k=\frac{n(n+1)}{2}$$

となります。これがΣの一番簡単な使い方で、略記法だと考えればいいのですが、分配法則や交換法則と一緒になるとΣ記号が威力を発揮します。

▼例　Σの分配法則

$$\sum_{i=1}^{n}(a_i+b_i)=\sum_{i=1}^{n}a_i+\sum_{i=1}^{n}b_i$$

これをΣの分配法則ともいいますが、この式が成り立つ理由は、全体をΣを使わずに書いてみればすぐに分かります。

$$\sum_{i=1}^{n}(a_i + b_i) = (a_1 + b_1) + (a_2 + b_2) + (a_3 + b_3) + \cdots + (a_n + b_n)$$

$$= (a_1 + a_2 + a_3 + \cdots + a_n) + (b_1 + b_2 + b_3 + \cdots + b_n)$$

$$= \sum_{i=1}^{n} a_i + \sum_{i=1}^{n} b_i$$

となり、これは交換法則と結合法則をn個の和について書いたものにほかなりません。

同じように、くくりだしを一般化した

$$\sum_{i=1}^{n}(ka_i) = k\sum_{i=1}^{n} a_i$$

も成り立ちます。kが添え字iに無関係であることが大切で、kがiに応じて変わってしまえば、共通因数としてくくり出すことはできません。

ここで少し間違えやすいのは、

$$\sum_{i=1}^{n} k = k\sum_{i=1}^{n} 1 = nk$$

で、kをくり出したあとは$\sum_{i=1}^{n} 1$となりますが、これは1のn個の和になるので、1ではなくてnになることに注意しましょう。

▼例　Σの交換法則

$$\sum_{i=1}^{m}\sum_{j=1}^{n} a_{ij} = \sum_{j=1}^{n}\sum_{i=1}^{m} a_{ij}$$

これをΣの交換法則ともいいます。

この式は和をとるための（形式的な）変数がi、jと二つあるので、最初はいささかとまどうかも知れません。

これもΣを使わずに書いてみると式の意味が分かります。

$$
\begin{aligned}
\sum_{i=1}^{m}\sum_{j=1}^{n} a_{ij}
&= \sum_{i=1}^{m}(a_{i1}+a_{i2}+\cdots+a_{in})\\
&= (a_{11}+a_{12}+\cdots+a_{1n})\\
&\quad+(a_{21}+a_{22}+\cdots+a_{2n})\\
&\qquad\vdots\\
&\quad+(a_{m1}+a_{m2}+\cdots+a_{mn})\\
&= (a_{11}+a_{21}+\cdots+a_{m1})\\
&\quad+(a_{12}+a_{22}+\cdots+a_{m2})\\
&\qquad\vdots\\
&\quad+(a_{1n}+a_{2n}+\cdots+a_{mn})\\
&= \sum_{j=1}^{n}(a_{1j}+a_{2j}+\cdots+a_{mj})\\
&= \sum_{j=1}^{n}\sum_{i=1}^{m} a_{ij}
\end{aligned}
$$

つまり、mn個の数 $a_{11}, a_{12}, \cdots, a_{1n}, a_{21}, a_{22}, \cdots, a_{m1}, a_{m2}, \cdots, a_{mn}$ の和を考える場合、この二重の和を横にたしてから縦にたしても、縦にたしてから横にたしても、どちらも全体の和をとることになります。したがってΣの交換法則が成り立ちます。

▼例　コーシー・シュワルツの不等式

$$\left(\sum_{i=1}^{n} a_i b_i\right)^2 \leqq \left(\sum_{i=1}^{n} a_i{}^2\right)\left(\sum_{i=1}^{n} b_i{}^2\right)$$

▼証明

2次関数$f(t) = \sum_{i=1}^{n}(a_i t + b_i)^2$を考える。この2次関数は完全平方式の$n$個の和だから、任意の$t$について$f(t) \geqq 0$である。したがってその判別式は負または0である。

ここでこの関数を展開してみると、

$$\sum_{i=1}^{n}(a_i t + b_i)^2 = \sum_{i=1}^{n}(a_i{}^2 t^2 + 2a_i b_i t + b_i{}^2)$$
$$= \left(\sum_{i=1}^{n} a_i{}^2\right)t^2 + 2\left(\sum_{i=1}^{n} a_i b_i\right)t + \sum_{i=1}^{n} b_i{}^2$$

したがって、その判別式をとれば、

$$\left(\sum_{i=1}^{n} a_i b_i\right)^2 - \left(\sum_{i=1}^{n} a_i{}^2\right)\left(\sum_{i=1}^{n} b_i{}^2\right) \leqq 0$$

となり、求めるコーシー・シュワルツの不等式を得る。

これはとても有名な不等式でコーシー・シュワルツの不等式といいます。この不等式は「三角形の2辺の和は他の1辺より大きい」というよく知られた不等式（その割に初等幾何学的な証明は知られていないようです）のn次元ユークリッド空間への拡張にあたるもので、普通はΣを使って表されます。証明はnについての帰納法でも可能ですが、これもよく知られた2次関数の判別式を使ったエレガントな証明がありま す。すなわち、2次関数$y = ax^2 + bx + c$がxの値に関わらず常に一定の符号（いつでも正または0、あるいはいつでも負または0）となる条件は、判別式$D = b^2 - 4ac$が$D \leqq 0$となることである、という事実を使います。

調和級数

もう一つ例を紹介します。

自然数1、2、3、…の逆数の和

$$\sum_{k=1}^{\infty} \frac{1}{k} = \frac{1}{1} + \frac{1}{2} + \frac{1}{3} + \frac{1}{4} + \cdots = \sum_{n=1}^{\infty} \frac{1}{n}$$

は無限大に発散します。この級数を調和級数といいます。$\frac{1}{n}$はどんどん小さくなるのに和はいくらでも大きくなる。これもちょっと想像力を刺激される結果ですが、次のような有名な方法で、初等的に証明できます。

$$
\begin{aligned}
&\sum_{n=1}^{\infty}\frac{1}{n}\\
&=\frac{1}{1}+\frac{1}{2}+\frac{1}{3}+\frac{1}{4}+\cdots\\
&=1+\frac{1}{2}+\left(\frac{1}{3}+\frac{1}{4}\right)+\left(\frac{1}{5}+\frac{1}{6}+\frac{1}{7}+\frac{1}{8}\right)+\cdots\\
&>1+\frac{1}{2}+\left(\frac{1}{4}+\frac{1}{4}\right)+\left(\frac{1}{8}+\frac{1}{8}+\frac{1}{8}+\frac{1}{8}\right)+\cdots\\
&=1+\frac{1}{2}+\frac{1}{2}+\frac{1}{2}+\frac{1}{2}+\cdots\\
&=1+\sum_{n=1}^{\infty}\frac{1}{2}
\end{aligned}
$$

右辺は1と$\frac{1}{2}$の無限個の和ですから、いくらでも大きくなります。この方法で、1から$\frac{1}{1024}$までの和が6より大きくなることが分かり、16348項では和は8よりは大きいことが分かります。コンピュータを使って計算すると、1から$\frac{1}{10000}$までの和はだいたい9.787…くらいです。調和級数の和が無限大になるのは対数関数の積分を使っても証明でき、この方が自然なので、高校ではこちらの証明が紹介されるようです。ちなみに、積分を使えば

$$\frac{1}{1}+\frac{1}{2}+\frac{1}{3}+\frac{1}{4}+\cdots+\frac{1}{n}>\log(n+1)$$

が容易に証明でき、この式から和が無限大になることが結論されます。

Π

和があるのだから、積の省略記号もあるのではないか、と思う人は多いと思います。

あります。ただ、この記号は高校数学では出てきません。使用する場面が余りないからでしょうか。対になる記号としてここで紹介しておきます。

$a_1, a_2, a_3, \ldots, a_n$ の積 $a_1 \times a_2 \times a_3 \times \cdots \times a_n$ を記号Πを使って

$$\prod_{i=1}^{n} a_i$$

と書き「a_1からa_nでの積」とか「プロダクトa_i, $i=1$からnまで」などと読みます。前に述べたように高校数学では活躍の場がないΠですが、少し進んだ整数論では大活躍します。一つだけ例を紹介します。

$F_n = 2^{2^n} + 1, (n = 0, 1, 2, 3, \ldots)$ をフェルマー数といいます。小さい方から順に3、5、17、257、65537、…となります。この数F_nが素数となる場合は正F_n角形がコンパスと定規で作図できることで有名で、実際最初の5個のフェルマー数3、5、17、257、65537は素数です。フェルマーはフェルマー数がすべて素数になると予想しましたが、オイラーは1732年に6番目のフェルマー数$F_5 = 4294967297$は$4294967297 = 641 \times 6700417$と素因数分解できることを発見しました。現在、素数となるフェルマー数は最初の五つしか見つかっていません。この他に素数となるフェ

ルマー数があるかどうかは現在未解決です。

フェルマー数については次の有名な漸化式が成り立ちます。

$$\prod_{i=0}^{n} F_i = F_{n+1} - 2$$

証明は帰納法です。

$n=0$のとき、左辺は$F_0=3$、右辺は$F_1-2=5-2=3$で成り立つ。

$n-1$まで成り立つとして、nのとき、

$$\begin{aligned}\prod_{i=0}^{n} F_i &= \prod_{i=0}^{n-1} F_i \times F_n \\ &= (F_n - 2)F_n \\ &= (2^{2^n}-1)(2^{2^n}+1) \\ &= 2^{2^{n+1}} - 1 \\ &= 2^{2^{n+1}} + 1 - 2 \\ &= F_{n+1} - 2\end{aligned}$$

この式から、素数が無限に存在することの簡明な証明が得られます。

フェルマー数はすべて奇数ですから、左辺の積の素因数はすべて奇数の素数です。

ところが、その素因数pは右辺のフェルマー数F_{n+1}を割り切ることはありません。

なぜなら、もしpがF_{n+1}を割り切るとすると、その素因数pで右辺を割れば

$$\frac{F_{n+1}-2}{p}=\frac{F_{n+1}}{p}-\frac{2}{p}$$

で、$\frac{F_{n+1}}{p}$は整数ですから$\frac{2}{p}$も整数、つまりpは2も割り切ることになって矛盾します。したがって、フェルマー数はすべて互いに素（共通素因数を持たない）になり、フェルマー数は無限にありますから、素数も無限にあることになります。

3.4

lim ∞

【読み】 リミット、無限大

【意味】 lim は変数を動かしたときの極限（値）を表す。∞は変数がいくらでも大きくなることを表し、普通は単独の数値ではなく、変数がいくらでも大きくなるという状態を表す。

【使用例】 $\lim_{n \to \infty} 1/n = 0 \quad \lim_{x \to 0} \frac{\sin x}{x} = 1$

$$\lim_{n \to \infty} \sum_{k=1}^{n} \frac{1}{k} = \infty$$

高等学校で出てくる数学記号のもう一つの花形は極限の記号 lim です。これは中学校までの数学と高等学校の数学を分ける分水嶺です。中学校までの数学が、数に限らず文字でも式でも、四則演算の中で行われてきたのに対して、高校数学ではそれに加えて極限をとるという演算（五則目？）が加わります。

lim の演算は大きく二つに分けられます。一つは数列 $\{a_n\}$ の極限を考える

$$\lim_{n \to \infty} a_n$$

で「リミット　a_n　nは無限大」とか「nを無限大にするときのa_nの極限値」などと読みます。

数列$\{a_n\}$がnをどんどん大きくしていくとき、ある一定の値aにいくらでも近づくなら

$$\lim_{n \to \infty} a_n = a$$

と書いて、数列$\{a_n\}$の極限値はaであるといいます。極限値を持つ数列は収束するといい、極限値を持たない数列は発散するといいます。

「どんどん大きくしていくとき、いくらでも近づく」という言い回しは、じつは多少の曖昧(あいまい)さを含んでいます。近代数学はこの曖昧さをきちんと数学的に処理する方法を見つけることで、大きく飛躍しました。しかし、それ以前、18世紀の大数学者オイラーは近代数学の厳密な極限の定義を使うことなしに、「どんどん、いくらでも」のような無限の扱いのまま、いくつもの重要な結果を導いています。このとき威力を発揮

したのは、数学の厳密性というより、数学の想像力、直感力だったに違いありません。最後にそのような数学の想像力の例を一つだけ挙げておきますが、その前にlimという記号について大切なことを述べておきましょう。

一つは前に＝を説明したときの懸案です。＝は天秤で両辺が釣り合っていることだと説明しましたが、limを含んだ＝はlimが操作を表すので、そのままでは天秤と考えることが少し難しい。$\lim_{n \to \infty} a_n = a$ の＝はいくらでも近づいていくことを表していますが、では、本当は等しくないのだろうか、という疑問が起こります。

これは次のように考えるといいと思います。「本当は＝ではなく違いがある」と主張する人に、その違いを明らかにして貰うのです。ところが、いくら違いがこれだけある、といっても、nをどんどん大きくしていくと、その違いを越えてa_nはaに近づいていきます。結局、違いがあると主張する人もその違いを明らかにできないのです。検出できない違いなら違いがないというほかありません。これがlimの等号の意味で、右辺と左辺の違いが検出できないという意味で等号を拡張して使います。

もう一つ、代数学と微分積分学、一般にそれが進化した解析学を区別するものが極限操作です。すこし荒っぽくいえば、代数学が加減乗除という四則演算を研究対象と

▼定理　四則演算と極限演算の交換定理

$$\lim_{n \to \infty} (a_n \pm b_n) = \alpha \pm \beta$$

$$\lim_{n \to \infty} (a_n b_n) = \alpha\beta$$

$$\lim_{n \to \infty} \left(\frac{a_n}{b_n}\right) = \frac{\alpha}{\beta}$$

するのに対して、解析学はそれに極限演算limを付け加えた、五則演算を研究対象とします。このとき大切なことは、加減乗除と極限演算がどのような関係にあるかです。

極限演算と四則演算は交換可能である

記号で表すと、収束する数列a_n、b_nに対して、

$$\lim_{n \to \infty} a_n = \alpha, \quad \lim_{n \to \infty} b_n = \beta$$

とすれば、上の定理が成り立ちます。

つまり、四則演算をしてから極限演算をするのと、極限演算をしてから四則演算を施すのでは同じ結果になります（商の場合は分母は0にならないとする）。

これは次のようなダイヤグラムで考えると見やすい

と思います。

$$\begin{array}{ccc} \{a_n\}, \{b_n\} & \xrightarrow{\pm} & \{a_n \pm b_n\} \\ \lim\downarrow & & \downarrow\lim \\ \alpha, \beta & \xrightarrow{\pm} & \alpha \pm \beta \end{array}$$

このダイヤグラムの左上から右下に行くのに、最初に横、後から縦でも、最初に縦、後から横でも結果は変わらないということです。

これは高等学校では「どんどん大きくすると、いくらでも近づく」という直感的な考えで「説明」されます。普通に極限を扱うときはこれで十分に理解できますが、これらの定理を厳密に「証明」しようとすると、極限を厳密に数式として処理することが必要です。

　これがいわゆるε-δ（イプシロン・デルタ）論法と呼ばれる議論で、数学を厳密に学ぼうとするときはどうしても避けることができません。ε-δ論法は先ほど述べた、違いは検出できないということを数学的に厳密に展開した議論ですが、本書では目的に照らし合わせて、ε-δ論法の詳細な説明は省略します。関心があるかたはぜひ専門書（たとえば拙著『無限と連続の数学』東京図書）などで調べてください。後で関数の連続性に関連してもう一度ε-δ論法について簡単に触れます。

3.5

dy/dx, $f'(x)$, $\int f(x)dx$, $\int_a^b f(x)dx$

【読み】 ディーyディーx(ディーyバーディーx)、エフダッシュx、インテグラルエフxディーx($f(x)$の不定積分)、インテグラルaからbまでエフxディーx(aからbまでの$f(x)$の定積分)

【意味】「dy/dx, $f'(x)$」は関数$y=f(x)$の導関数を表す。

「$\int f(x)dx$」は関数$y=f(x)$の不定積分で、微分すると$f(x)$となる関数（原始関数）を表す。

「$\int_a^b f(x)dx$」は関数$f(x)$のaからbまでの定積分を表す。

【使用例】 $y=x^3-1$のとき、$dy/dx=3x^2$
$y=\sin x$のとき$y'=\cos x$
$\int(x^2+x+1)dx=1/3x^3+1/2x^2+x+C$
$\int_0^1 x^2 dx=1/3$

高校数学の花形はなんといっても微分積分学でしょう。中学校の数学では学ばないこともあり、微分積分学は高等数学そのもののイメージを担っているようです。しかし、じつは微分積分学は小学校や中学校で学ぶ内包量（速度＝移動距離／時間、食塩水の濃度＝全体の量／食塩の量などのように、二つの量の比で決まる量）の直接の延長線上にあります。1時間に60 km進む自動車の速さは時速60 km／hです。90 gの水に10 gの食塩を溶かした食塩水の濃度は10％です。しかし、自動車は出発したときは時速60 km／hでは走っていないでしょうから、途中ではもっと速く走ったはずです。また、よくかき混ぜていない不均質の食塩水だと、底の方はしょっぱく、上の方は薄く、場所によって濃度が違うかも知れません。

つまり、小学校、中学校で学ぶ内包量は当然のこととして、速度や濃度は均質である（平たくいえば、よくかき混ぜてあるということ）と考えています。しかし、現実の速度は時間によって違うし、食塩水の濃度も場所によって違うかも知れません。そのような不均質な状態での内包量を記述する数学が微分積分学です。そのために時間や場所を限定する必要があり、それが数学では極限をとる操作となってあらわれます。

高校での関数 $y = f(x)$ の微分係数の定義を天下り的に書いてみますので、式の意味を読みとって見ましょう。

▼微分係数の定義

$$\lim_{h \to 0}\frac{f(a+h)-f(a)}{h}$$

が存在するとき、この極限値を$f'(a)$と書いて$x=a$での関数$f(x)$の微分係数という。

変量xが$x=a$からわずかにhだけ変化するとき、関数$y=f(x)$がどれだけ変化するか、そのxとyの変化量の比をとり、その比の値の極限値として微分係数が求まります。比の値$f'(a)$が定数になることに注意してください。hを0に近づける操作が場所を特定する操作です。

ここで、座標$(a, f(a))$で表される点を原点とし、新しい座標系を考えます。この新しい座標系をもとの座標系と区別するためにdx、dyと書きましょう。このdx、dy座標系に関して、

$$dy=f'(a)dx$$

で表される正比例関数をもとの関数$y=f(x)$の$x=a$での微分といいます。

微分という名前の新しい関数は正比例関数ですから、グラフはdx、dy座標系の原点$(a,f(a))$を通る傾き$f'(a)$の直線にな

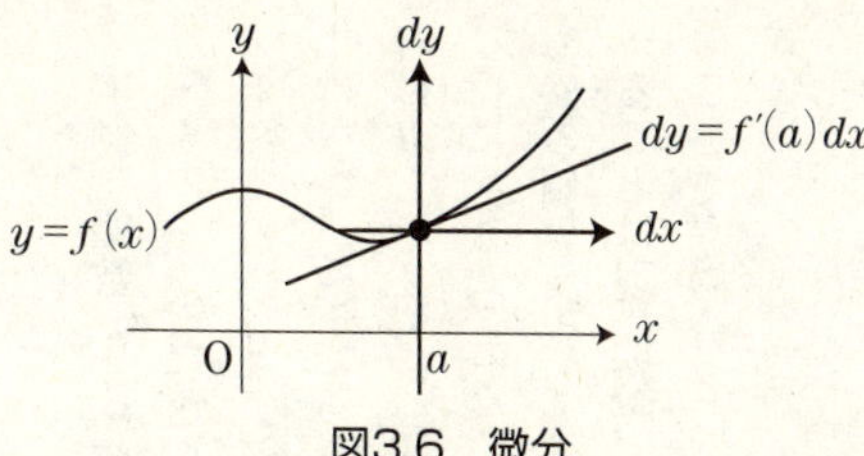

図3.6　微分

ります。視点を変えていますが、これは点（a, $f(a)$）での接線にほかなりません。

微分の両辺を新しい変数dxで割れば

$$\frac{dy}{dx}=f'(a)$$

となり、微分係数は微分の商で表すことができる。それで微分係数のことを微分商ともいいます。左辺はディーワイバーディーエックスあるいは単にディーワイディーエックスと読むのが普通です。

高等学校では$\frac{dy}{dx}$は全体で微分係数を表す記号でdyをdxで割ったものではないと学びますが、これは分子、分母が単独の記号で微分を表すと考えた方が分かりやすいと思います。

前の定義でも分かるように、微分可能な関数とは、各点（a,$f(a)$）でその点に付随した微分という名の正比例関数を持つ関数です。この正比例関数はその点の近くでもとの関数とてもよく近似しています。こうして微分を使って、関数の変化の様子を調べることができるのです。

▼例　関数 $y = x^3 - 3x + 4$ の $x = -2$ での微分

$y' = 3x^2 - 3$ だから、$x = -2$ での微分係数は9、したがって、この3次関数の $x = -2$ での微分は $dy = 9dx$ となる。つまり、$x = -2$ の近くではこの3次関数の変化は $dy = 9dx$ であらわされ、x が少し変化すると、y はその9倍変化し、x が増えれば y も増える。微分を使って関数の様子を知るとはこういうことです。

特に $dy = 0$ となる点を関数の特異点といいます。特異点では x の値が多少ぶれても y の値は変化しない。個々の関数の個性は特異点に現れます。こうして特異点を調べることは現代数学の大きなテーマの一つになったのです。

ここで、微分という名前の正比例関数の比例定数は $f'(a)$ ですが、これを $f'(x)$ と書いた式

$$dy = f'(x)dx$$

ます。

それで普通は「$x = a$での」という言葉を省略して、この式を$y = f(x)$の微分と呼びますが、変数をdx、dyで表したおかげで、このように書いても間違えることはありません。をまとめると、微分とは本来は$x = a$を決めて初めて決まるものですが、

さて、結局重要なのは関数の極限をとるという演算です。数列の極限をとる演算と同様に、関数の極限にも少しだけ注意しなければならない点があります。収束する数列の場合、四則演算と極限をとる演算とは交換可能だということが大切でした。関数の場合も、極限をとる演算と関数の演算との関係が大切です。

極限演算と交換可能な関数を連続関数といいます。すなわち、

$$\lim_{x \to a} f(x) = f(\lim_{x \to a} x)$$

が成り立つ関数が$x = a$で連続な関数で、すべてのaについて連続な関数を連続関数といいます。ところで$\lim_{x \to a} x$はaとなりますから（もっとも厳密な立場をとれば、この式も証明を必要としますが、ここでは直感的に認めることにしましょう）、この式は

▼定理

$f(x), g(x)$ が連続関数のとき、

$$\lim_{x \to a}(f(x) \pm g(x)) = f(a) \pm g(a)$$

$$\lim_{x \to a}(f(x)g(x)) = f(a)g(a)$$

$$\lim_{x \to a}\left(\frac{f(x)}{g(x)}\right) = \frac{f(a)}{g(a)}$$

が成り立つ。ただし分母は0にならないものとする。

$$\lim_{x \to a} f(x) = f(a)$$

となり、普通はこれが関数が連続であることの定義になるのです。

連続な関数では、関数の四則演算と極限演算は交換可能です。

上の定理を直接微分係数の定義にあてはめると、定義式の分子 $f(a+h)-f(a)$ と分母 h のそれぞれの極限値をとって比をとればよさそうですが、

$$\lim_{h \to 0} h = 0$$

ですから、このままでは分母が0となってしまい極限値が求まりません。ところが、分子も

$$\lim_{h \to 0} (f(a+h) - f(a)) = f(a) - f(a) = 0$$

となっているので、微分できる関数では、分母のhが分子のhとうまく相殺されて極限が求まるのです。

つまり、微分できる関数とは、分母が0に近づくにも関わらずこの極限値がきちんと求まる関数なのです。私たちが普通に出会う関数、多項式関数、分数関数、無理関数、指数関数、対数関数、三角関数などはすべてこの値がきちんと求まる関数になっています。

この定理の証明は本書では省略します。関心がある方は前に紹介した拙著『無限と連続の数学』(東京図書)などをご覧ください。

積分

$$\int f(x)dx \qquad \int_a^b f(x)dx$$

積分の記号も高校で初めて学ぶ記号で、「インテグラル$f(x)dx$」とか「インテグラルaからbまで$f(x)dx$」と読みます。

積分で大切なことは、本来の意味での積分とは定積分のことで、不定積分と呼ばれているものは定積分を計算するための手段だということです。

$y = f(x)$ のグラフと、$x = a, x = b$ で囲まれた部分の符号つき面積（有向面積）を $f(x)$ の a から b までの積分といい

$$\int_a^b f(x)dx$$

と書きます。

グラフが直線なら、三角形に切り分けて面積を計算することもできますが、グラフが曲線の場合はそうはいきません。そこで普通は面積をいくつかの長方形の和で近似し、その極限を取ります。

左ページの上の式の右辺を区分求積法といいます。

積分記号の使い方でちょっと注意しておきたいのは、和の記号Σの所でも触れたのですが、積分記号の中の

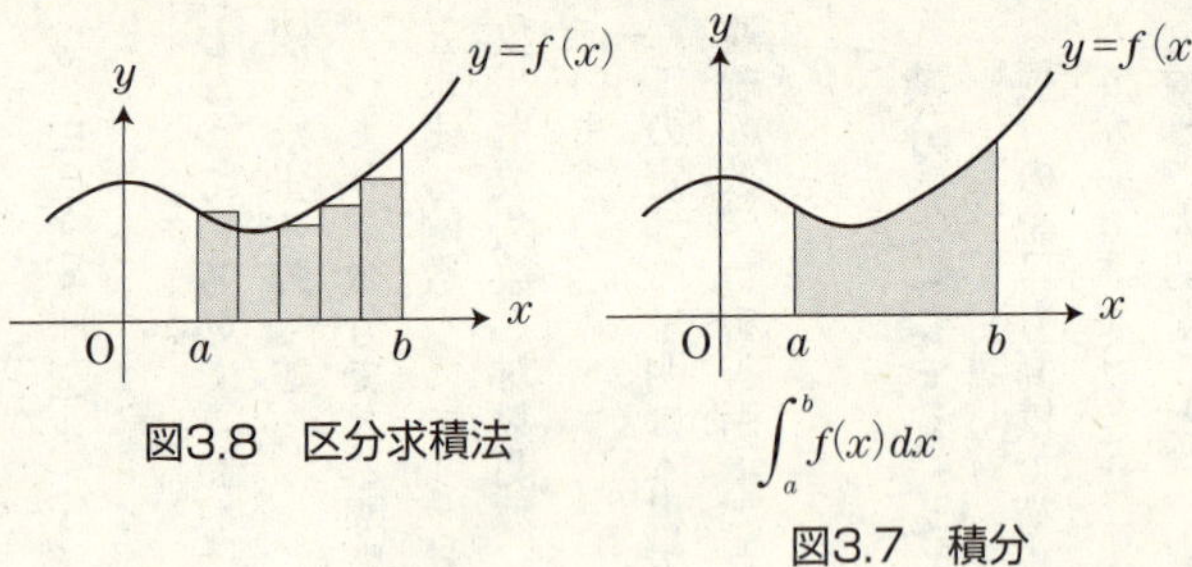

図3.7　積分

図3.8　区分求積法

▼区分求積法

$$\int_a^b f(x)dx = \lim_{(*)} \sum_{k=0}^{n-1} f(a_k)(a_{k+1} - a_k)$$

ただし（＊）の極限は $a_{k+1} - a_k$ の最大値が0となるように区間［a, b］の分割を細かくしていくものとする。

文字は形式的な変数だということです。

$$\int_a^b f(x)dx,\quad \int_a^b f(t)dt,\quad \int_a^b f(s)ds$$

はすべて同じ積分を表し、使われている文字が x なのか t なのか s なのかは積分の値には関係しません。具体的には

$$\int_0^1 x^2 dx = \int_0^1 t^2 dt = \int_0^1 s^2 ds = \frac{1}{3}$$

となります。これは積分の形式的な計算で役に立つことがあります。

定理（微分積分学の基本定理）

さて、積分で一番大切なことは、次の定理が成り立つことです。これを微分積分学の基本定理といいます。

▼微分積分学の基本定理

$$\int_a^b f(x)dx = F(b) - F(a)$$

ただし、関数$F(x)$は微分すると$f(x)$となる関数（$F'(x) = f(x)$）で$f(x)$の原始関数といいます。右辺を簡単に$[F(x)]_a^b$と書くこともあります。積分の値は原始関数の値の差で求まる、これが基本定理の内容です。

高等学校の場合、積分はすべてこの定理を使って計算されますが、ここには注意しておくべきポイントが二つあります。

（1）どんな関数に対しても原始関数は存在するのだろうか

これはとても大切な見方です。基本定理が正しくても、原始関数が存在しない関数に対して無力なのは当たり前ですから、原始関数が存在するかどうかは大問題です。これについては次のことが知られています。

連続関数については原始関数が存在する。

連続関数$f(x)$に対して、積分の上端bをxで置き換えた関数、

$$F(x)=\int_a^x f(t)dt$$

は微分してみると、

$$\begin{aligned}
F'(x) &= \lim_{h\to 0}\frac{F(x+h)-F(x)}{h}\\
&= \lim_{h\to 0}\frac{1}{h}\left(\int_a^{x+h} f(t)dt-\int_a^{x} f(t)dt\right)\\
&= \lim_{h\to 0}\frac{1}{h}\int_x^{x+h} f(t)dt\\
&= \lim_{h\to 0}\frac{1}{h}f(c)h\\
&= \lim_{h\to 0}f(c)\\
&= f(x)
\end{aligned}$$

（ただし、cは$x<c<x+h$となる数で$h \to 0$だから$c \to x$となる）

となり$F'(x)=f(x)$になるので、$F(x)$は$f(x)$の原始関数の一つですが、この関数を$f(x)$の不定積分といい、

$$\int f(x)dx$$

と書きます。この記号でいえば、$\int_a^b f(x)dx$ は最初から原始関数の差という記号だったと考えることもできます。

(2) 原始関数は具体的に求まるのだろうか

ここでは「具体的に」というのがとても大切な視点です。基本定理は積分の値を具体的に求めるためにあるので、原始関数の値が求まらなくてはどうしようもありませ

ん。そのためには原始関数が具体的に計算できる関数として表せる必要があるのです。

ところが残念なことに、大部分の関数について、その原始関数は具体的な関数としては求まらないのです。

見かけ上とても簡単そうな関数、たとえば

$$\frac{e^x}{x},\ e^{x^2},\ \frac{\sin x}{x},\ \sqrt{x^3+x+1}$$

なども残念ながら原始関数が具体的には求まらないのです。ただし、積分の値の計算方法は基本定理だけではありません。原始関数が具体的に求まらない関数でも、積分の値を求める方法があります。私たちは積分を面積として定義したので、たとえばその面積を細かい長方形に分け、その長方形の面積をたして面積を求めることができます。これは156ページでも取り上げた区分求積法と呼ばれる積分の計算技術で、現在はコンピュータを使えば容易に計算できます。

3.6

$!, {}_n\mathrm{P}_r, {}_n\mathrm{C}_r$

【読み】階乗、パーミュテーション n, r、コンビネーション n, r

【意味】「$n!$」は1から n までの数をかけた $1 \times 2 \times 3 \times \cdots \times n$ を表す。「${}_n\mathrm{P}_r$」は n 個のものから r 個のものを取り出す順列の個数、「${}_n\mathrm{C}_r$」は n 個のものから r 個のものを取り出す組み合わせの数。

【使用例】$5! = 120$ など、階乗は急速に大きくなる。

$${}_n\mathrm{P}_r = n(n-1)(n-2)\cdots(n-r+1)$$

n から始まり順番に下がっていく r 個の数の積

$${}_n\mathrm{C}_r = \frac{{}_n\mathrm{P}_r}{r!} = \frac{n!}{r!\,(n-r)!}$$

この式は対称で、${}_n\mathrm{C}_r = {}_n\mathrm{C}_{n-r}$ であることがすぐに分かる。

！　階乗

！を階乗と読みます。

階乗記号！も高校で初めて出てくる記号ですが、使い方は簡単で、

$$n! = 1 \times 2 \times 3 \times \cdots \times n$$

と1からnまでの数をすべて掛けた数を表します。この数は急速に大きくなります。

実際、

$$3! = 6,\ \ 4! = 24,\ \ 5! = 120,\ \ldots,\ \ 10! = 3628800$$

ですが、パソコンで50!を計算してみれば

$$50! = 30414093201713378043612608166064768844377641568960512000000000000$$

となります。

どんな大きな数aについても、nを大きくしていけば、

$$\lim_{n \to \infty} \frac{a^n}{n!} = 0$$

が成り立つ。つまり、$n!$はどんなに大きな数aについても、a^nより急速に大きくなるのです。

これは次のように考えると分かります。

a^nはnをどんなに大きくしていっても、かける数はいつでもaなのですが、$n!$のほうはnがaより大きくなると、かける数が$a+1, a+2, a+3, \cdots$と大きくなりますから、そのうちにa^nを追い越すのです。

この数を正確に計算するのは手間がかかります。

前に見たように、パソコンでも計算は大変ですが、その値を近似的に表すスターリングの公式があります。

手軽には

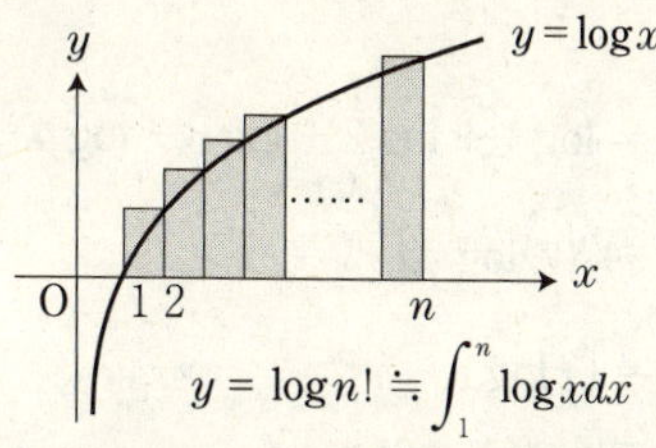

図3.9　スターリングの公式

$$n! \fallingdotseq \left(\frac{n}{e}\right)^n$$

となりますが、もう少し正確には

$$n! \fallingdotseq \sqrt{2\pi n}\left(\frac{n}{e}\right)^n$$

をスターリングの公式といいます。

手軽な公式の方は次のように考えると分かります。積分の値を計算するのに、区分求積法を使って近似計算をすることがありますが、今の場合は逆に、長方形の面積の和を積分で「近似」するのです。

となり、

$$
\begin{aligned}
\log n! &= \log 1 + \log 2 + \log 3 + \log 4 + \cdots + \log n \\
&\approx \int_1^n \log x dx \\
&= [x \log x - x]_1^n \\
&= n\log n - n + 1 \\
&\approx \log n^n - \log e^n \\
&= \log \left(\frac{n}{e} \right)^n
\end{aligned}
$$

$$n! \approx \left(\frac{n}{e}\right)^n$$

が成り立ちます。

ところで、急激に大きくなる階乗数ですが、どんなところに使われるのだろうか。それが前に述べた関数の展開や次の順列、組み合わせです。

${}_n\mathrm{P}_r$, ${}_n\mathrm{C}_r$

数学は合理的に考えることができるものなら、どんなものでも研究対象になります。場合の数や組み合わせの個数などもその一つです。これらは高校で本格的な扱いが始まります。

${}_n\mathbf{P}_r$

n個のものの並べ方の数が${}_n\mathrm{P}_r$で、「パーミュテーションn、r」「ピーn、r」など

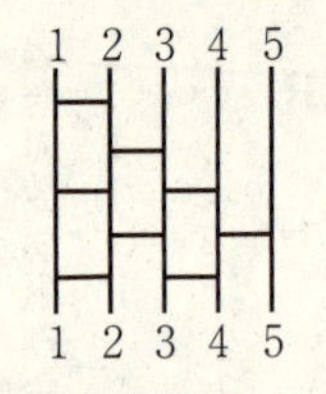

図3.10　順列のアミダ図式

と読むようです。順序をつけたr個の空箱を用意し、通し番号をつけて1番からr番としておきましょう。n個のものをこの箱の中に入れていくのですが、1番目の箱にはn通りのものが入ります。2番目の箱には残った$n-1$個のもののどれかが入りますから、$n-1$通りの入れ方があります。ですから、最初の2つの箱への入れ方は$n\times(n-1)$通りの入れ方があります。同じように考えると、r個の箱には$n\times(n-1)\times(n-2)\times\cdots\times(n-(r-1))$の入れ方があることが分かります。この数を

$${}_nP_r = n(n-1)(n-2)\cdots(n-r+1)$$

と書いて、n個のものからr個のものを選んで並べる順列といいます。ですからn個のもの全体を並べる並べ方は、$r=n$の場合ですから、${}_nP_n = n(n-1)(n-2)\cdots2\cdot1 = n!$となり階乗がでてきます。

n個のものの並べ方を日本古来のあみだくじで表すと便利なことがあります。たと

えば、1、2、3、4、5を5、4、2、1、3に並び替える順列をあみだくじで表すと、図3.10となります。$n!$ は異なる結果になるあみだくじの総数を表しています。

余談。あみだくじはとても面白いのですが、端の特殊性が気になることがあります。端をなくすためにはこんな工夫をするとよい。端がない回転あみだくじです（図3.11）。

このあみだくじには出発点しかないようですが、じつは出発点と終点が兼ねられていて、ある数字から出発し、時計方向に円を辿り、横棒に出会ったら隣の円に乗り換える、これを続けると別のある数にたどり着きますが、それが終点の当たり番号です。

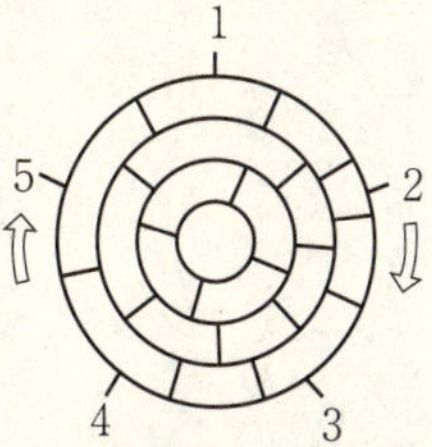

1
2
3
4
5

図3.11　回転アミダくじ

$_nC_r$

順列の場合は並べ方の順序が大切ですが、順序を無視してn個のものからr個を取り出す場合の数を組み合わせといい、$_nC_r$と書き、「コンビネーションn、r」「シーn、r」と読みます。高校ではこの記号を使うことが多いのですが、専門の数学書ではこれを

$$ {}_nC_r = \binom{n}{r} $$

と書くことが多いです。

n個のものからr個を選ぶ順列の個数は${}_nP_r = n(n-1)(n-2)\cdots(n-r+1)$でした。ここで、これらを並べ替えても、選ばれたものは同じです。このr個のものの並べ替えの個数は$r!$ですから、組み合わせの個数は順列の個数${}_nP_r$の$r!$分の1となり

$$ {}_nC_r = \binom{n}{r} = \frac{n(n-1)(n-2)\cdots(n-r+1)}{r!} $$

となります。ところで、この式の分子、分母に$(n-r)!$をかけると

$$ {}_nC_r = \binom{n}{r} = \frac{n!}{r!\,(n-r)!} $$

という公式も得られます。この式は前の公式より対称性があり形が綺麗(きれい)なので覚えやすく、$n-(n-r)=r$なので、

$${}_nC_r = {}_nC_{n-r}$$

という公式が成り立つこともすぐに分かります。この式は、n個のものからr個を選ぶということは、選ばない$n-r$個を選ぶことと同じだという意味を持っています。この式で、$r=n$とすると、これはn個のものからn個を選ぶ組み合わせの数で、もちろん一通りしかありませんから、${}_nC_n=1$です。したがって公式の右辺を考えると、

$$0!=1$$

と決めるのが合理的なので$0!=1$と定義します。

2項定理

組み合わせの個数について有名な定理が2項定理です。

組み合わせの数を具体的に書けば

▼2項定理

$$(1+x)^n = \binom{n}{0} + \binom{n}{1}x + \binom{n}{2}x^2 + \cdots + \binom{n}{n-1}x^{n-1} + \binom{n}{n}x^n$$

$$(1+x)^0 = 1$$
$$(1+x)^1 = 1 + x$$
$$(1+x)^2 = 1 + 2x + x^2$$
$$(1+x)^3 = 1 + 3x + 3x^2 + x^3$$
$$(1+x)^4 = 1 + 4x + 6x^2 + 4x^3 + x^4$$
$$(1+x)^5 = 1 + 5x + 10x^2 + 10x^3 + 5x^4 + x^5$$
$$\vdots$$

となり、ここに出てくる係数を2項係数といいます。2項係数はパスカルの三角形と呼ばれるきれいな関係を持っています。

$$
\begin{array}{ccccccccccc}
 & & & & & 1 & & & & & \\
 & & & & 1 & & 1 & & & & \\
 & & & 1 & & 2 & & 1 & & & \\
 & & 1 & & 3 & & 3 & & 1 & & \\
 & 1 & & 4 & & 6 & & 4 & & 1 & \\
1 & & 5 & & 10 & & 10 & & 5 & & 1 \\
\end{array}
$$

⋰　　　　⋱

図3.12　パスカルの三角形

3.7

e i

【読み】 イー、アイ

【意味】 eは自然対数の底で$e = 2.718281828459\cdots$と循環しない無限小数（無理数）となる。πと並んでもっとも重要な定数。

iは虚数単位で$i^2 = -1$となる数を表す。

【使用例】 $e = \lim_{n \to \infty}(1 + 1/n)^n$　$e^{\pi i} = -1$

最後に特別な定数を二つ紹介し、それと関係して、三角関数の数値をどう計算するのかを説明しましょう。

e

eは微分積分学ではπと並んで大切な定数です。

指数関数$y = a^x$の導関数を求めてみると、

$$
\begin{aligned}
f'(x) &= \lim_{h \to 0} \frac{a^{x+h} - a^x}{h} \\
&= \lim_{h \to 0} \frac{a^x a^h - a^x}{h} \\
&= a^x \lim_{h \to 0} \frac{a^h - 1}{h} \\
&= a^x \lim_{h \to 0} \frac{a^{0+h} - a^0}{h} \\
&= a^x f'(0)
\end{aligned}
$$

となります。したがって、$f'(0)=1$ となるように a の値を選んでおけば、$(a^x)'=a^x$ となって、指数関数の導関数が簡単な形になり大変に都合がよい。

$f'(0)$ とは $x=0$ での接線の傾きですから、これは $x=0$ での接線の傾きが丁度1（45度）になるように a の値を選ぶということです。

この a の値を e という記号で表します。e は $e=2.71828182745904\cdots$ という値を取る無理数です。

y
$y=x$
1
0
x
$y=e^x$

図3.13　指数関数のグラフ

$$f'(0)=\lim_{h\to 0}\frac{a^{0+h}-1}{h}$$

でしたから、

$$1=\lim_{h\to 0}\frac{e^h-1}{h}$$

したがって、h が十分に小さければ $\dfrac{e^h-1}{h}\fallingdotseq 1$ です。

分母を払って−1を移項し両辺の h 乗根をとれば

$$e \doteqdot (1+h)^{\frac{1}{h}}$$

すなわち

$$\lim_{h \to 0}(1+h)^{\frac{1}{h}} = e$$

となります。これが数eの正式な定義式です。

i

すべての実数aについて、$a^2 \geqq 0$で、2乗して負になる実数はありません。ですから方程式$x^2+1=0$は実数の範囲では解を持ちません。それでは不便なので、この方程式が解を持つように2乗すると-1となる数を考えて、それを記号iで表し、虚数単位といいます。数iを導入すると、方程式$x^2+1=0$の解は$x=\pm i$となります。

多くの人にとって、虚数とはこの世に存在しない数という感覚のようです。それは実数、虚数というネーミングにもよるのでしょうか。実数＝実在する数、虚数＝実在しない虚の数なのでしょう。しかし、それは大いなる誤解です。数とは何かを表現するために人が考え出した概念と記号です。長さや速さを表すための数が実数なら、虚数は別のものを表しています。存在するかしないかという見方をすれば、実数だって存在はしていない。存在しているのは実数で表される何かです。

実際に虚数は運動を表しています。$i^2=-1$ですが、-1をかけることは反数を求めること、つまり180度の回転でした。$-1=i\times i$ですから、iをかけることは90度の回転を表しています。つまり、虚数は数直線上にはありませんが、数直線を90度回転した虚数軸上にあります。

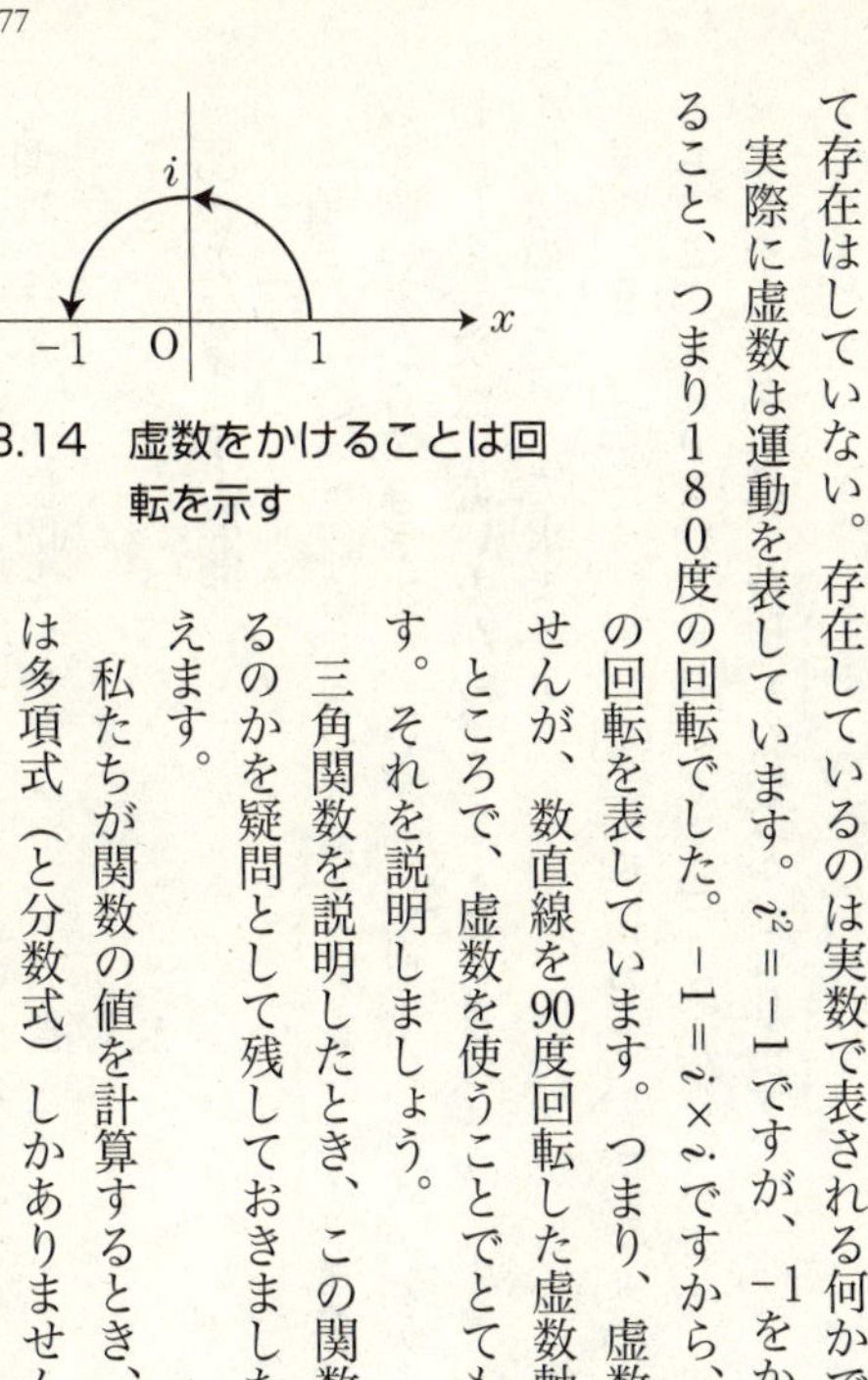

図3.14　虚数をかけることは回転を示す

ところで、虚数を使うことでとても重要な公式が得られます。それを説明しましょう。

三角関数を説明したとき、この関数の値をどうやって求めるのかを疑問として残しておきました。最初にその疑問に答えます。

私たちが関数の値を計算するとき、実際に計算できる関数は多項式（と分数式）しかありません。多項式関数とは、その仕組みの中身が具体的に計算できる式として与えられている関数なのです。そこで、いろいろな関数を多項式で表すことを考えるのです。これを関数のテイラー展開といいます。

関数のテイラー展開

多項式$f(x)$を$f(x) = a_0 + a_1x + a_2x^2 + a_3x^3 + \cdots$とします。普通、多項式は$x$の次数の高い方から書きますが、いま$f(x)$は何次の多項式か分からないので、定数項を最初にして、次数の低い方から書くことにしましょう。すると、この係数$a_0, a_1, a_2, a_3, \cdots$は次のようにして求まります。

まず、$a_0 = f(0)$です。次に$f(x)$を一度微分して、$f'(x) = a_1 + 2a_2x + 3a_3x^2 + \cdots$ですから、この$x$に0を代入すれば、$f'(0) = a_1$が得られます。以下同様に、微分を続け$x$に0を代入すれば、多項式の係数が求まります。

こうして

$$a_n = \frac{1}{n!}f^{(n)}(0), \quad n = 1, 2, 3, \cdots$$

が得られます。ただし、$f^{(n)}(x)$は$f(x)$のn回目の導関数を表します。この式が一般の関数にも成り立つと考えて（多くの初等関数では成り立つことが知られています）$f(x)$を

$$f(x) = f(0) + f'(0)x + \frac{1}{2!}f''(0)x^2 + \frac{1}{3!}f'''(0)x^3 + \cdots$$

と表すことを$f(x)$を$x = 0$でテイラー展開（特にマクローリン展開という）するといいます。多くの関数ではこの多項式は無限次元の多項式（級数）になります。

一般に$x = a$でテイラー展開すれば、上の式をaだけ平行移動すればよいので、

$$f(x) = f(a) + f'(a)(x - a) + \frac{1}{2!}f''(a)(x - a)^2 + \frac{1}{3!}f'''(a)(x - a)^3 + \cdots$$

となります。

ではいくつかの関数を$x = 0$でテイラー展開してみましょう。

例① $\boldsymbol{f(x)=e^x}$

指数関数は微分しても変わりませんから、何回微分しても指数関数のままです。

$$f^{(n)}(x)=e^x$$

ですから、$f^{(n)}(0)=e^0=1,\ n=1,2,3,\dots$です。したがって指数関数$e^x$を展開すると

$$e^x=1+x+\frac{1}{2!}x^2+\frac{1}{3!}x^3+\frac{1}{4!}x^4+\cdots$$

となります。これが指数関数の正体です。右辺の（無限次元）多項式が微分しても変化しないことを確かめてください。

例② $\boldsymbol{f(x)=\sin x}$　$\boldsymbol{f(x)=\cos x}$

$\sin x$は微分するごとに、最初の0回目の微分も含めて、$\sin x,\ \cos x,\ -\sin x,\ -\cos x,\ \sin x,\ \dots$と4周期で変化します。$x=0$での値もそれに伴って、$0,1,0,-1,0,\dots$と4周期で変わり、したがって三角関数$\sin x$を展開すると

$$\sin x = x - \frac{1}{3!}x^3 + \frac{1}{5!}x^5 - \frac{1}{7!}x^7 + \cdots$$

となります。

全く同様にして、

$$\cos x = 1 - \frac{1}{2!}x^2 + \frac{1}{4!}x^4 - \frac{1}{6!}x^6 + \cdots$$

が得られます。

こうして指数関数や三角関数は実際に計算できる（無限次元の）多項式として表現されるのです。

虚数iとオイラーの公式

関数の展開を使うと、虚数iがどれくらい役立つ数かを示す次の重要な公式が得られます。

▼オイラーの公式

$$e^{ix} = \cos x + i \sin x$$

このオイラーの公式は微分積分学の一つの到達点であると同時に、虚数 i がどれだけ重要な数であるかを示しています。虚数は存在しない数ではありません。数を虚数まで拡大することによって、数学の創造力はとても豊かになるのです。

公式の証明は次ページのとおりです。

結局、テイラー展開に虚数 i を使うことで、指数関数と三角関数が同じ仲間の関数であることが分かりました。この公式の x に $x = \pi$ を代入すれば、有名な等式

$$e^{\pi i} = -1$$

が得られます。数 e と π とは虚数 i を通してこんなに見事できれいな関係があるのです。

では最後にオイラーの想像力を紹介しましょう。

▼**証明**

指数関数の e^x の展開公式の x に ix を代入し、i の累乗が $i^0 = 1, i^1 = i, i^2 = -1, i^3 = -i, i^4 = 1, \cdots$ と4周期で繰り返すことを使うと、

$$e^{ix} = 1 + ix - \frac{1}{2!}x^2 - i\frac{1}{3!}x^3 + \frac{1}{4!}x^4 + i\frac{1}{5!}x^5 - \cdots$$

となりますが、実数部分と虚数部分に分けると、

$$\begin{aligned} e^{ix} &= 1 + ix - \frac{1}{2!}x^2 - i\frac{1}{3!}x^3 + \frac{1}{4!}x^4 + i\frac{1}{5!}x^5 - \cdots \\ &= (1 - \frac{1}{2!}x^2 + \frac{1}{4!}x^4 - \frac{1}{6!}x^6 + \cdots) \\ &\quad + i(x - \frac{1}{3!}x^3 + \frac{1}{5!}x^5 - \frac{1}{7!}x^7 + \cdots) \\ &= \cos x + i \sin x \end{aligned}$$

となり、オイラーの公式が証明できました。

バーゼル問題　$\frac{1}{1^2}+\frac{1}{2^2}+\frac{1}{3^2}+\frac{1}{4^2}+\cdots=\frac{\pi^2}{6}$

調和級数

$$\frac{1}{1}+\frac{1}{2}+\frac{1}{3}+\frac{1}{4}+\cdots=\sum_{n=1}^{\infty}\frac{1}{n}$$

が無限大に発散することはすでに紹介しましたが、では自然数の2乗の逆数の和

$$\frac{1}{1^2}+\frac{1}{2^2}+\frac{1}{3^2}+\frac{1}{4^2}+\cdots$$

はどうなるのだろうか。これはバーゼル問題と呼ばれ、18世紀数学の最難問の一つでしたが、これを見事な考察で解決したのがオイラーでした。

証明には $\sin x$ のテイラー展開を使います。証明のアウトラインを紹介しておきましょう。三角関数 $\sin x$ は

$$\sin x = x - \frac{x^3}{3!} + \frac{x^5}{5!} - \frac{x^7}{7!} + \cdots$$

という形にマクローリン展開できました。

したがって、

$$\frac{\sin x}{x} = 1 - \frac{x^2}{3!} + \frac{x^4}{5!} - \frac{x^6}{7!} + \cdots$$

となります。

ところで、$\frac{\sin x}{x} = 0$という方程式の解は$x = \pm\pi, \pm 2\pi, \pm 3\pi, \ldots$です。ここで、有限の方程式の場合を参考にすると、この方程式の定数項が1であることに注意して、

$$\frac{\sin x}{x} = \left(1 \pm \frac{x}{\pi}\right)\left(1 \pm \frac{x}{2\pi}\right)\left(1 \pm \frac{x}{3\pi}\right)\left(1 \pm \frac{x}{4\pi}\right)\cdots$$

という因数分解が成り立つことが分かります。有限の場合を無条件に無限の場合に適用するのは本当は危ない。しかし、無限の場合に適用してみたらどうなるだろうか。

これが数学の想像力です。

この右辺を書き直すと

$$\frac{\sin x}{x}=\left(1-\frac{x^2}{\pi^2}\right)\left(1-\frac{x^2}{2^2\pi^2}\right)\left(1-\frac{x^2}{3^2\pi^2}\right)\left(1-\frac{x^2}{4^2\pi^2}\right)\cdots$$

となります。この式の右辺を展開してx^2の係数を調べると（無限個の因数のかけ算です！ 注意して展開してください）、x^2の係数はそれぞれの因数から一つだけx^2の項をとり、ほかの因数からはすべて1をとったときの積の和ですから

$$-\left(\left(\frac{1}{\pi^2}\right)+\left(\frac{1}{2^2\pi^2}\right)+\left(\frac{1}{3^2\pi^2}\right)+\left(\frac{1}{4^2\pi^2}\right)+\cdots\right)x^2$$

です。

ところで、

$$\frac{\sin x}{x} = 1 - \frac{x^2}{3!} + \frac{x^4}{5!} - \frac{x^6}{7!} + \cdots$$

だったことに注意して、x^2の係数を比較すると

$$-\frac{1}{6} = -\left(\frac{1}{\pi^2} + \frac{1}{2^2\pi^2} + \frac{1}{3^2\pi^2} + \frac{1}{4^2\pi^2} + \cdots\right)$$

となり、

$$\frac{1}{1^2} + \frac{1}{2^2} + \frac{1}{3^2} + \frac{1}{4^2} + \cdots = \frac{\pi^2}{6}$$

が得られます。

ここでは厳密性を少し脇に置き、数学の想像力（創造力）を十分に鑑賞してください。

前章までで、高等学校までに出てくる数学記号の主なものについて、その概略を説明しました。最後の章で、大学初年級までに出てくる数学記号について説明しましょう。

第4章
もっと進んだ数学記号たち
―― 大学で学ぶこと

4.1

$\sin^{-1} x$, $\cos^{-1} x$, $\tan^{-1} x$

【読み】 アークサインx、アークコサインx、アークタンジェントx

【意味】 三角関数の逆関数を表し、高等学校で学ばないただ一つの初等関数。

【使用例】 $\sin^{-1} x + \cos^{-1} x = \pi/2$　$\int \frac{1}{1+x^2} dx = \tan^{-1} x$

初歩の微分積分学で扱う関数を初等関数といいます。初等関数は全部で七種類ありますが、そのうち一種類だけが高校まででは扱いません。それを逆三角関数といいます。ちなみにその他の初等関数は、多項式関数、分数関数、無理関数、指数関数、対数関数、三角関数です。多項式関数、分数関数、無理関数の逆関数はまた同じ仲間の関数になり、指数関数と対数関数は互いに逆関数になっています。したがって、三角関数の逆関数だけが高校までには出てこないのです。

逆関数とは、$y = f(x)$ の x と y を入れ替えた関数 $x = f(y)$ をいいます。x が最初に動く変数（独立変数）で y がそれに伴って動く変数（従属変数）という関係は変わっていないことに注意してください。

ところで、私たちは普通は関数を変数yについて解いた形$y = \cdots$で表しています。そこで、$x = f(y)$もyについて解きたいのですが、もちろんfが具体的に分からなければ解くことができません。数学ではこんな場合「解けたとして」という方法で解決してしまう妙案を思いつきました。今の場合も解けたとしてこれを

$$y = f^{-1}(x)$$

と書いて「エフインバースx」と読みます。

このとき、一つ大切な注意が必要です。それは、逆関数がきちんと決まるためには、xの値に対してyの値が一つに決まらないといけないということです。そのために、場合によってはyの値の範囲に制限をつけることがあります。

▼値の範囲に制限をつける例

$y = x^2$の逆関数はxとyを入れ替えて、$x = y^2$となりますが、これをyについて解けば、$y = \pm\sqrt{x}$となり、yの値が一つに決まりません。そこでyの値を一つに決めるために普通は$y \geqq 0$という制限をつけて、逆関数を$y = \sqrt{x}$とします。

$y = \sin x$ の逆関数

逆関数はxとyを入れ替えて $x = \sin y$ ですが、この式はどうしてもyについて解くことができません。それで、上に説明したとおり「解けたことにして」$y = \sin^{-1} x$ と書いてこれをアークサインと読みます。この場合、xの値を $-1 \leqq x \leqq 1$ の範囲で一つ決めても、yの値が一つに決まりません。そこで、yの値の範囲に $-\frac{\pi}{2} \leqq y \leqq \frac{\pi}{2}$ という制限をつけます。こうして $y = \sin x$ の逆関数が決まります。

$$y = \sin^{-1} x, \left(-\frac{\pi}{2} \leqq y \leqq \frac{\pi}{2}\right)$$

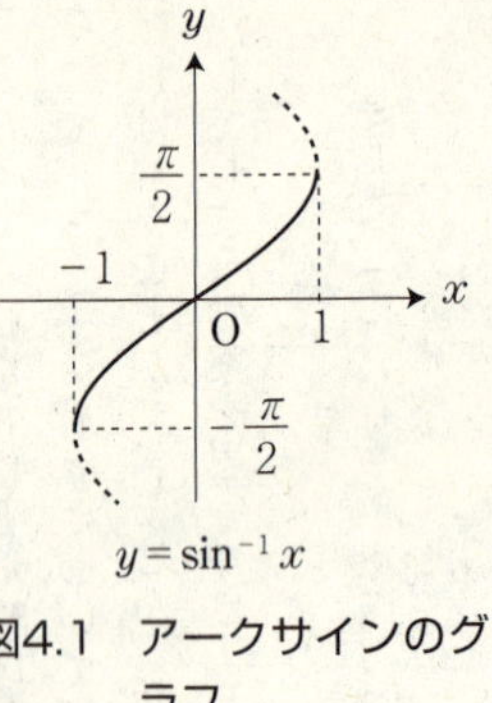

図4.1　アークサインのグラフ

グラフは図4.1の通りです。

同様にして、$y = \cos x$, $y = \tan x$ の逆関数 $y = \cos^{-1} x$, $y = \tan^{-1} x$ が決まり、それぞれ「アークコサイン」「アークタンジェント」と読みます。今度もyの値の範囲に制限をつけ、$y =$

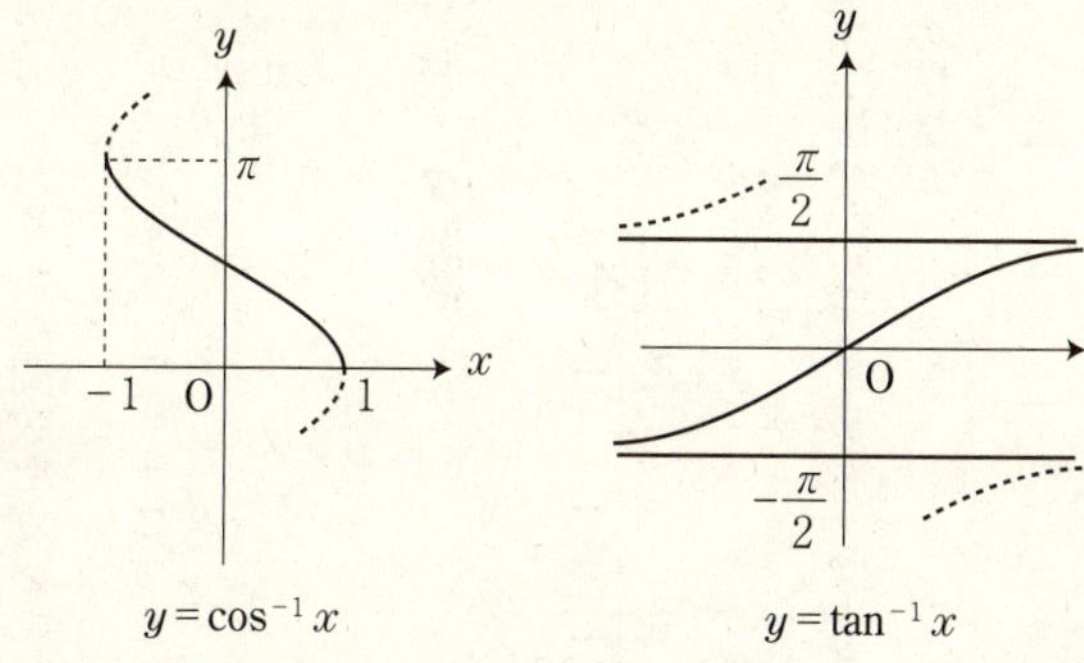

図4.2　アークコサイン、アークタンジェントのグラフ

$\cos^{-1}x$ の場合は $0 \leqq y \leqq \pi$、$y = \tan^{-1}x$ の場合は $-\frac{\pi}{2} < y < \frac{\pi}{2}$ とします。グラフは図4.2の通りです。

これで初等関数はすべて出そろいました。前に挙げた七種類の初等関数にならない関数の例を挙げておきましょう。たとえば、次のガンマ関数のように積分記号を含んで定義された関数は初等関数になりません。また、無限の操作を含む関数も初等関数になりません。

ガンマ関数

$$\Gamma(x) = \int_0^{\infty} e^{-t} t^{x-1} dt, \quad (x > 0)$$

で表されるxの関数をガンマ（Γ）関数といいます。この関数は階乗を一般の実数に拡張した関数で、$\Gamma(n+1)=n!$になり、また$\Gamma\left(\frac{1}{2}\right)=\sqrt{\pi}$というきれいな性質を持っています。

ゼータ関数

$$\zeta(s)=\sum_{n=1}^{\infty}\frac{1}{n^s}=\frac{1}{1^s}+\frac{1}{2^s}+\frac{1}{3^s}+\frac{1}{4^s}+\cdots$$

をリーマンのゼータ（ζ）関数といいます。ここでsは複素数の変数で解析接続という手法で拡張できます。ゼータ関数は最初オイラーによって考察され、オイラーはこの関数が

$$\frac{1}{1^s}+\frac{1}{2^s}+\frac{1}{3^s}+\frac{1}{4^s}+\cdots=\prod_{p:\text{素数}}\frac{1}{1-\frac{1}{p^s}}$$

という等式を満たすことを見抜きました。「$\zeta(s)=0$となる複素数sの実数部分は実質的にすべて1/2である」という予想をリーマン予想といいます。これは現在未解決の最大の問題の一つです。

4.2

$$\frac{\partial f}{\partial x},\ \frac{\partial f}{\partial y},$$

$$\iint_D f(x, y)\,dxdy$$

【読み】 デー f デー x、デー f デー y、インテグラル $Df(x, y)\,dxdy$

【意味】 $\dfrac{\partial f}{\partial x}$ は2変数以上の関数について、特定の変数(この場合は x)で偏微分した偏導関数を表す。

$\iint_D f(x, y)\,dxdy$ は領域 D 上での関数 $z = f(x, y)$ の重積分を表す。

【使用例】 $\dfrac{\partial}{\partial x}(x^3 - 3xy + y^3) = 3x^2 - 3y$

$\iint_D \left(\dfrac{7}{2}x^2 + 6xy + 4y\right)dxdy = 3$, ただし

$D = \{(x, y) : 0 \leqq x \leqq 1, 0 \leqq y \leqq \sqrt{x}\}$

高等学校で学んだ微分積分学はさらに一般化されて、2変数以上の関数の微分積分学に進化していきます。

2変数の関数を

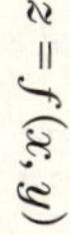

$$z = f(x, y)$$

と書き、「zイコールエフx、y」と読みます。二つの変数x、yはxy-平面上を動くので、二変数関数は平面上の点P(x, y)の関数と見なすことができ、zを平面上の点の高さと考えれば、この関数のグラフはxyz-空間の中の曲面になることが分かります。このとき、$f(x, y) = k$がこの曲面の高さkの等高線にほかなりません。

2変数関数の微分を偏微分、積分を重積分といいます。偏微分は片方の変数を定数と見なして、もう一方の変数で微分したもので、普通の微分と区別するため

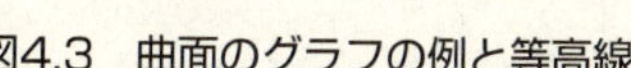

図4.3　曲面のグラフの例と等高線

に、∂という記号を使い

$$\frac{\partial z}{\partial x},\ \frac{\partial z}{\partial y}$$

と表します。つまり、

$$\frac{\partial z}{\partial x} = \lim_{h \to 0} \frac{f(x+h, y) - f(x, y)}{h}$$

で、これを$f(x, y)$ のxについての偏導関数といいます。変数yが変化していないことに注意してください。同様にして、yについての偏導関数

$$\frac{\partial z}{\partial y} = \lim_{k \to 0} \frac{f(x, y+k) - f(x, y)}{k}$$

が定義されます。

偏導関数を「ラウンドディー zラウンドディー x」と読んだり、ディーyディーxに対して「デー zデーx」と読んだりします。また、偏導関数を簡単のために

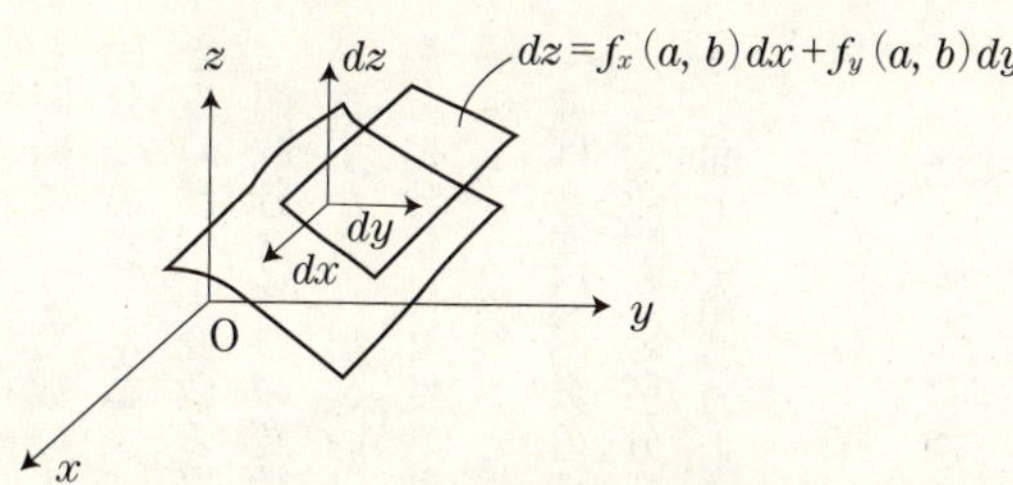

図4.4　接平面、微分

$f_x(x, y), f_y(x, y)$ とも書きます。偏導関数の値を表すときはこの記号の方が便利なようです。

　二つの偏導関数、$f_x(x, y), f_y(x, y)$ の点P(a, b) における値、$f_x(a, b), f_y(a, b)$ は点P(a, b)の近くでの、関数 $z = f(x, y)$ の x方向と y方向への変化の様子を表していますが、多くの関数について、この二方向の変化だけで、関数の点P(a, b)での変化が決まっています。そこで、点（$a, b, f(a, b)$）を原点とする新しい座標系 dx、dy、dzを使って、この座標系について $f_x(a, b), f_y(a, b)$を dx、dyの係数とし原点を通る平面を考えます。

この平面の方程式は、

$$dz = f_x(a, b)dx + f_y(a, b)dy$$

ですが、この dzを関数 $z = f(x, y)$ の微分（あるいは全微分）といいます。微分は関数 zの点P(a, b) の近くでの様子を表す2変数の正比例関数です。1変数の正比例関数が原点を通る直線になるのと同様に、2変数の正比例関数は原点を通る平面になることに注意しておきましょう。微分dzの様子を調べることで、2変数関数$z=f(x,y)$の変化の様子を知ることができるのは、1変数の場合と全く同様です。

偏微分は片方の変数を定数と見なし停めておき、もう一つの変数について微分していますから、実際の計算方法は1変数関数の微分を求めることと変わりありません。微分積分学は2変数関数の微分を入り口として、多変数関数の様子を調べるベクトル解析という数学へと繋(つな)がっていきます。

では2変数関数の積分はどうでしょうか。

2変数関数の積分を重積分といいます。1変数の場合と同様に、2変数関数の積分は平面上の領域D上に立てた柱と曲面$z=f(x,y)$で囲まれた部分の符号つき体積Vです。

$$\iint_D f(x,y)dxdy = V$$

これも普通は「インテグラル $Df(x,y)dxdy$」と読むようです。

積分の基本的な性質は1変数の場合と変わりません。積分する関数を和の形に分けて、それぞれを計算してたせばよいとか、積分する場所を分割してそれぞれの積分を計算し、最後にたせばよい、などの性質は1変数でも2変数でも成り立ちます。ただ、積分を計算する上で一つだけ1変数の積分と2変数の積分では大きく異なる点があります。

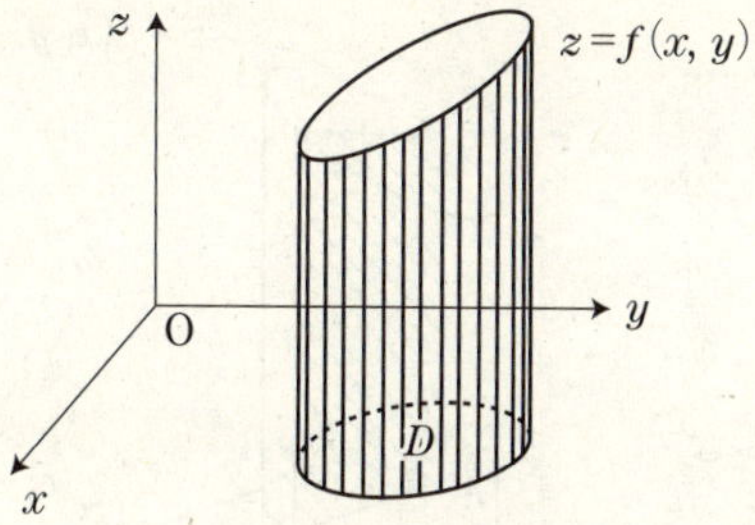

図4.5　重積分

　1変数の積分では、（原始関数が具体的に求まるかどうかはさておいて）$f(x)$の積分は原始関数$F(x)$の差で計算できました。原始関数とは微分するともとの関数となる関数、$F'(x) = f(x)$のことでした。しかし、2変数の積分ではこの性質が成り立ちません。2変数関数の「原始関数」を求めることはできません。微分して$x^2 + 2y^2 - 3xy - x + 3$となる2変数関数は何か、という問いは問い自身に意味がありません。それは2変数関数が二つの偏導関数を持つからです。

　ただ、たとえば$(3x^2 + 2xy)dx + x^2dy$を微分に

もつ2変数関数はあるか、という問いは意味をもち、この場合は $z = x^3 + x^2y$ とすると、

$$dz = (3x^2 + 2xy)\,dx + x^2dy$$

となりますから、2変数関数 $z = x^3 + x^2y$ はある意味で $(3x^2 + 2xy)\,dx + x^2dy$ の「原始関数」です。しかし、この原始関数は重積分を計算する上では残念ながら役立ちません。

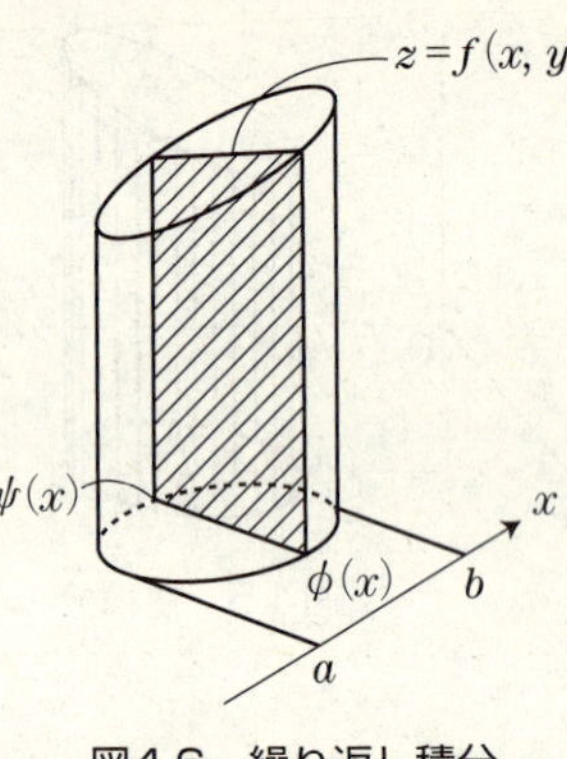

図4.6　繰り返し積分

重積分を計算するために、重積分を二つの1変数の積分に分解します。これを繰り返し積分といいます。標語的にいえば、重積分は繰り返し積分で計算できる。繰り返し積分とは体積を求めたい立体の断面積を計算し、その断面積をもう一度積分するという方法です。

図の y を定数とみた $\phi(x)$ から $\psi(x)$ までの積分が断面積の計算で、それを a から b まで積分して体積を求めます。この積分を次のように書きます。

$$\iint_D f(x, y)dxdy = \int_a^b dx \int_{\phi(x)}^{\psi(x)} f(x, y)dy$$

右辺が具体的に計算できる繰り返し積分で、左辺が重積分です。繰り返し積分の計算は慣れてしまえばそんなに大変ではなく、むしろ、重積分を繰り返し積分に直すことの方が大変です。

4.3

$$\begin{pmatrix} a_{11} & a_{12} & \cdots & a_{1n} \\ a_{21} & a_{22} & \cdots & a_{2n} \\ \vdots & \vdots & \ddots & \vdots \\ a_{m1} & a_{m2} & \cdots & a_{mn} \end{pmatrix} \quad \begin{vmatrix} x_{11} & x_{12} & \cdots & x_{1n} \\ x_{21} & x_{22} & \cdots & x_{2n} \\ \vdots & \vdots & \ddots & \vdots \\ x_{n1} & x_{n2} & \cdots & x_{nn} \end{vmatrix}$$

【読み】マトリックス a_{ij}、あるいは行列 a_{ij}、
デターミナント x_{ij}、あるいは行列式 x_{ij}

【意味】それぞれが行列と行列式を表す記号で、行列とは数の表、行列式は特殊な多項式を表している。本文参照のこと。

【使用例】連立１次方程式は行列を用いて表され、それがただ一組の解を持つ条件は行列式を用いて表される。本文参照のこと。

大学初年時に学ぶ数学のもう一つの柱が線形代数学です。

線形代数学は小学校の正比例の理論を多変数に拡張した理論で、未知数の多い連立1次方程式や多次元の正比例を扱うときに威力を発揮します。そのときに使われる記号が行列と行列式です。

行列

$$\begin{pmatrix} a_{11} & a_{12} & \cdots & a_{1n} \\ a_{21} & a_{22} & \cdots & a_{2n} \\ \vdots & \vdots & \ddots & \vdots \\ a_{m1} & a_{m2} & \cdots & a_{mn} \end{pmatrix}$$

右が行列の一般型で、行列とはmn個の数を縦横に並べた表のことです。数の表で横に並んでいる数たちを行、縦に並んでいる数たちを列といいます。

先頭から第1行、第2行、…、第1列、第2列、…といいます。第i行、第j列の交差点に並んでいる数がa_{ij}です。行列をいつも縦横形式で書くと大変なので、前後関係で表のサイズが分かる場合は簡単に$A=(a_{ij})$で行列を表します。これはマトリックスa_{ij}と読みます。こうしてmn型の行列が定義されます。

とくに$m=n$の場合は表は正方形になりますが、これをn次正方行列といいます。

ところで、この表自身には意味がありませんが、この表に加法や乗法などの演算を定義し、さまざまに解釈することができます。こうして行列はいろいろな場所で大活躍をします。いわば行列とは意味を入れる容器の様なもので、この入れ物の形式的な扱い方を学ぶのが線形代数学の第一歩です。

具体的な例を挙げましょう。二つの行列の積はちょっとおかしな形で定義されます。

$$A=\begin{pmatrix} a_{11} & a_{12} & \cdots & a_{1n} \\ a_{21} & a_{22} & \cdots & a_{2n} \\ \vdots & \vdots & \ddots & \vdots \\ a_{m1} & a_{m2} & \cdots & a_{mn} \end{pmatrix} \quad B=\begin{pmatrix} b_{11} & b_{12} & \cdots & b_{1l} \\ b_{21} & b_{22} & \cdots & b_{2l} \\ \vdots & \vdots & \ddots & \vdots \\ b_{n1} & b_{n2} & \cdots & b_{nl} \end{pmatrix}$$

の形の行列A、Bの積だけが定義されます。行列の形に注意して下さい。mn行列とnl行列の積だけがこの順で定義され、積は次のようになります。

$$AB=\begin{pmatrix} a_{11} & a_{12} & \cdots & a_{1n} \\ a_{21} & a_{22} & \cdots & a_{2n} \\ \vdots & \vdots & \ddots & \vdots \\ a_{m1} & a_{m2} & \cdots & a_{mn} \end{pmatrix}\begin{pmatrix} b_{11} & b_{12} & \cdots & b_{1l} \\ b_{21} & b_{22} & \cdots & b_{2l} \\ \vdots & \vdots & \ddots & \vdots \\ b_{n1} & b_{n2} & \cdots & b_{nl} \end{pmatrix}$$

$$=\begin{pmatrix} \sum a_{1k}b_{k1} & \sum a_{1k}b_{k2} & \cdots & \sum a_{1k}b_{kl} \\ \sum a_{2k}b_{k1} & \sum a_{2k}b_{k2} & \cdots & \sum a_{2k}b_{kl} \\ \vdots & \vdots & \ddots & \vdots \\ \sum a_{mk}b_{k1} & \sum a_{mk}b_{k2} & \cdots & \sum a_{mk}b_{kl} \end{pmatrix}$$

ただし、和 $\sum a_{1k}b_{k1}$ などはすべて $k=1$ から n までの和を取ります。

なぜこんな奇妙な形で積を考えるのでしょうか。それはこのように積を決めておくと、たとえば連立1次方程式

$$\begin{cases} x+y+2z=9 \\ -x+y-3z=-8 \\ 3x+2y+z=10 \end{cases}$$

を

$$A=\begin{pmatrix} 1 & 1 & 2 \\ -1 & 1 & -3 \\ 3 & 2 & 1 \end{pmatrix}$$

$$X=\begin{pmatrix} x \\ y \\ z \end{pmatrix}$$

$$B=\begin{pmatrix} 9 \\ -8 \\ 10 \end{pmatrix}$$

とすれば、元の連立1次方程式は、形式的に

$$AX = B$$

で表すことができます。

数学は形式を操る学問でもあります。この形が一番簡単な1次方程式 $ax = b$ と同じ形式になっていることに注目して下さい。連立1次方程式が $ax = b$ と同じ形式で表されるということは見かけ以上に重要なことなのです。

1次方程式は両辺を a で割ることで解が求まりました。同様に連立方程式 $AX = B$ も両辺を「行列 A で割る」ことができれば解くことができます。行列で割ることは逆行列という考え方を使って定義することができます。詳しい説明は線形代数学の専門書を参考にして下さい。

さて、連立1次方程式へのもう一つの応用を紹介します。

$$\begin{cases} x+y+2z=9 \\ -x+y-3z=-8 \\ 3x+2y+z=10 \end{cases}$$

は標準的な連立1次方程式です。いま、行列が方程式を表すという約束の下では、この連立1次方程式を一つの行列

$$\begin{pmatrix} 1 & 1 & 2 & 9 \\ -1 & 1 & -3 & -8 \\ 3 & 2 & 1 & 10 \end{pmatrix}$$

で表すことができます。逆に、同じ約束の下では、行列が与えられれば元の方程式が復元できます。この相互の見方で連立1次方程式と行列は同じものだと考えることができます。この連立1次方程式を表す行列が、一定の許される変形規則によって、

$$\begin{pmatrix} 1 & 0 & 0 & 1 \\ 0 & 1 & 0 & 2 \\ 0 & 0 & 1 & 3 \end{pmatrix}$$

に変形できるなら、これを方程式に復元して

$$\begin{cases} x = 1 \\ y = 2 \\ z = 3 \end{cases}$$

として方程式が解けます。この変形を機械的な計算として行う技術を掃き出し法といい、線形代数学の大切な技術の一つになっています。

行列式

行列はmn個の数を長方形の表に並べた数の表でしたが、行列式とはある特殊な多項式です。この多項式はn^2個の変数$x_{11}, x_{12}, \cdots, x_{1n}, x_{21}, \cdots, x_{n1}, \cdots, x_{nn}$を持つ特別な$n$次の同次多項式で、形式的には次の式で定義されます。

$$n\text{次行列式} = \sum_P \mathrm{sgn}P\, x_{1p_1} x_{2p_2} x_{3p_3} \cdots x_{np_n}$$

ただし、Pは1からnまでの数をp_1からp_nに並べ替えるすべての順列を動き、sgn$P$（シグナチャーピー）はPによって決まる符号数という数で、順列Pによって1か−1のどちらかになる。たとえば、2次行列式は$x_{11}x_{22} - x_{12}x_{21}$となります。

この多項式の性質は、このままでは余り明確ではありませんが、変数を正方形の形に並べるとよく分かるようになります。そこで、n^2個の変数$x_{11}, x_{12}, \cdots, x_{1n}, x_{21}, \cdots, x_{n1}, \cdots, x_{nn}$を持つ行列式を、横1行では書かずに縦横形式で

$$\begin{vmatrix} x_{11} & x_{12} & \cdots & x_{1n} \\ x_{21} & x_{22} & \cdots & x_{2n} \\ \vdots & \vdots & \ddots & \vdots \\ x_{n1} & x_{n2} & \cdots & x_{nn} \end{vmatrix}$$

と書くのです。n次行列式をいつも縦横形式で書くと大変なので、簡単に$\det(x_{ij})$と表すこともあります。これはデターミナントx_{ij}と読みます。この多項式の性質はいろいろとありますが、一番重要な性質は、n次正方行列$A=(a_{ij})$が与えられたとき、この行列をそのままの形でn次行列式$\det(x_{ij})$に代入できるということです。すなわち、すべてのi、jについて、n次行列式の変数x_{ij}に行列$A=(a_{ij})$の数a_{ij}をそのまま代入できます。これを行列Aの行列式（の値）といい、

$$\det(a_{ij}),\quad |A|$$

と書きます。行列の行列式はある一つの数になることに注意してください。このとき、

先ほど上げた連立1次方程式の形式的な表現 $AX=B$ で、両辺を A で割ることができる条件、すなわち A が逆行列を持つための必要十分条件は

$$|A| \neq 0$$

と簡明に表すことができます。これを形式的に1次方程式 $ax=b$ の両辺が a で割れる条件は $a \neq 0$ であることと較べて下さい。同じ形式になっていることが分かります。これが行列式の大切な性質の一つなのです。

特に行列式が0にならない n 次正方行列を正則行列といいます。n 次正則行列全体の集合を一般線形群といい、$GL(n)$ と書きます。こうすると行列式を一般線形群から実数への写像

$$\det : GL(n) \to R$$

と見ることもできます。

4.4

【読み】モジュロ（モッド，法として合同）

【意味】二つの整数 a, b を p で割った余りが等しいとき、a, b は p を法として合同であるといい、$a \equiv b \pmod{p}$ と書く。これを合同式という。

【使用例】素数 p について、p が二つの平方数の和（$13 = 4 + 9 = 2^2 + 3^2$ など）で表されるための条件は $p \equiv 1 \pmod{4}$ である。最初にフェルマーが述べたが、証明はオイラーによる。

≡は中学校の図形の合同のところで使われました。X≡Yとは二つの図形XとYがぴったり重なるときをいいました。ところが、同じ記号が別の意味で使われることがあります。それが合同式です。

二つの整数 a、b について、それぞれを p で割った余りが等しいとき、整数 a、b は p を法として合同であるといい、

$$a \equiv b \pmod{p}$$

と書きます。これは「a 合同 b モジュロ p」とか「a は b にモッド p で合同」などと読みます。≡を含んだ式を合同式といい、整数論では大切な役割を果たします。一つだけ例を挙げてみます。

素数5は$5 = 1^2 + 2^2$と二つの平方数の和で表されます。素数13も$13 = 2^2 + 3^2$と二つの平方数の和で表せます。しかし、素数7や11はどうしても二つの平方数の和で表すことができません。上記の定理が成り立っています。

▼定理（フェルマー）

奇素数pが二つの平方数の和で表されるための必要十分条件は

$$p \equiv 1 (mod\, 4)$$

となることである。

このきれいな定理は複素数を使って証明されます。

$p \equiv 3(\mathrm{mod}\ 4)$となる素数$p$が平方数の和で表せないことは容易に分かります。なぜなら、

$$(2n+1)^2 = 4n^2 + 4n + 1 = 4(n^2 + n) + 1$$

だから、奇数を2乗した数は4でわると1余ります。

一方、$p = x^2 + y^2$とすると、x、yは偶数xと奇数yなのでx^2は4でわり切れ、y^2は4でわると1余ります。つまり$x^2 + y^2$は4でわると1余る数になり$p \equiv 3(mod\ 4)$にはならないのです。

4.5

∨ ∧ ¬ → ⇔ ∀ ∃

【読み】「∨」はまたは(or)、「∧」はかつ(and)、「¬」はでない(not)、「→」はならば、「⟺」は同値、「∀」はすべての(任意の)、「∃」は存在して、と読む。

【意味】「$P \vee Q$」はPかQのどちらか一方が正しいとき正しい。「$P \wedge Q$」はP, Qが共に正しいとき正しい。「$\neg P$」はPが正しいときは間違いで、Pが間違っているときは正しい。「→」ならば、については本文参照のこと。「∀, ∃」は日本語の読み通りの意味である。

【使用例】$\exists x(3x-5=0)$は$3x-5=0$となるxが存在するという意味で、これはxの範囲を自然数に限ると正しくないが、実数とすれば正しくなる。$\forall x(ax^2+bx+c \geqq 0) \Longleftrightarrow b^2-4ac \leqq 0 \wedge a>0$は2次関数が負の値を取らない条件を表す。

大学で学ぶ数学記号のうち、論理に関係するものがいくつかあります。論理記号を使うことで、数学的な表現はとても分かりやすく豊かになるのですが、その一方で、見慣れない記号であるため、読み方も含めて数学は難しいという印象も与えてしまうようです。

ここではよく使われる論理記号をいくつか説明しながら、数学についてのいろいろな知識を整理してみます。

(1) ∨

この記号は「または」とか「あるいは」と読みます。英語では「or」で、二つの命題P、Qに対して

$$P \vee Q$$

のように使い、PかQのどちらか一つでも正しければ正しいとします。数学での使い方として注意すべきことは、P、Qの両方とも正しいときも、$P \vee Q$は正しいとする

ことです。日本語では、PまたはQのどちらか、というと、片方は間違っているような印象を受けますが、数学では両方とも正しい場合も正しいとします。

▼例　(三角形の2辺の和は他の1辺より大きい) < (最大の素数がある)

これは正しい言明です。最大の素数があるというのは間違いですが、三角形の2辺の和は他の1辺より大きいということが正しいので、全体として正しいことをいっています。

この「三角形の2辺の和は他の1辺より大きい」と「最大の素数は存在しない」の二つは定理としてはよく知られていますが、どちらも証明を要する事柄です。三角形の2辺の和の定理は、「こんな当たり前のことをどうして証明しなければならないのか!」とよく槍玉(やりだま)に挙げられる、ある意味では悪名高い定理です。しかしこれはそんなに簡単な事柄ではありません。A点からB点に行くのに途中C点を経由していけば遠くなるのは当たり前のような気がしますが、2点を結ぶ最短距離は直線なんだから、というと、循環論法になるおそれがあるのです。

初等幾何学的に証明しようとすると結構手間がかかります。証明は初等幾何学の本や拙著『なっとくする数学の証明』(講談社)を参照してください。最大の素数が存在しないという事実は、すでに2300年も前にユークリッド（エウクレイデス）が『原論』の中で証明しています。これはどんな有限個の素数の集まりを考えても、それに入らない素数があるという証明です。

▼例（$(\sqrt{5}+\sqrt{2})(\sqrt{5}-\sqrt{2})$ は無理数である）＜（素数の和が平方数になることがある）

これも正しい言明です。最初の言明は間違いですが、探してみるとすぐ分かるように、$2+7=9=3^2$ で2も7も素数ですから、後は正しい事実で、全体としては正しい言明です。

もう一つ、こんなパズルを紹介しましょう。箱が二つあり、片方は空箱、片方には宝物が入っています。二つの箱にはこんなことが書いてありました。

【箱1】二つの箱に書いてあることのうち、一つは正しく、一つは間違っている。

【箱2】宝物は箱1に入っている。

さて、宝物はどちらの箱に入っているでしょう。皆さんならどちらの箱を選びますか（解答は240ページにあります）。

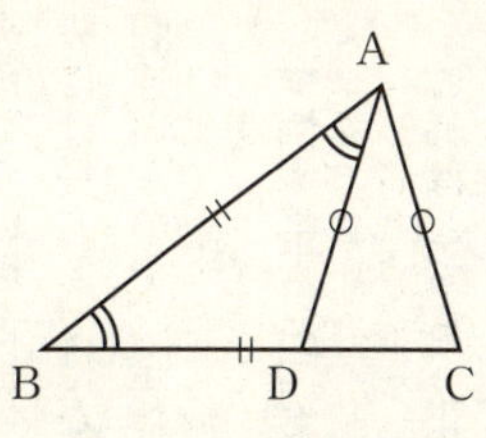

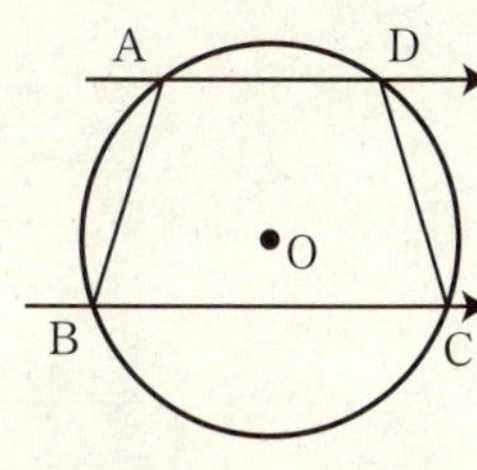

図4.7　2辺1角と内接台形

(2) ∧

この記号は「そして」とか、「かつ」と読みます。英語では「and」で、二つの命題P、Qに対して

$$P \wedge Q$$

のように使い、PとQの両方とも正しければ正しいとします。少なくとも一方が間違っているときは$P \wedge Q$は正しくなりません。

▼例

(2辺と1つの角が等しい三角形は合同である)∧(円に内接する台形は長方形である)

これは内容を吟味しないと正しいかどうか即断ができません。前の言明は合同を学びはじめる中学生が時々間違える問題で、2辺と夾角(きょうかく)の場合は合同になりますが、夾角でない場合は、合同にならない場合があります。また、後の言明も間違いで、一般には長方形ではなく等脚台形になります。したがって、全体では二つの言明が共に間違いなので、全体も間違いです。

▼例 (平行四辺形の向かい合う辺は等しい)>(平行四辺形の向かい合う角は等しい)

これはどちらも正しいので、全体として正しい言明です。

(3) ¬

この記号は否定で「でない」と読みます。英語では「not」で、命題Pに対して

$\neg P$

のように使い、Pが間違っていれば正しく、正しければ間違いとします。「でない」は日常での使い方と同じなので大きな問題はないでしょう。一つだけ、否定の否定

$\neg(\neg P)$ が P と同じことになるのを注意しましょう。これを二重否定といいます。

▼例　$\neg$（偶素数は存在しない）

いかにも引っかけ問題ですが、もちろん最初の偶数2は素数なのでかっこの中の言明は間違いですから、全体として正しい言明になっています。

(4) $\rightarrow$　$\Longleftrightarrow$

$\rightarrow$ の記号は「ならば」と読みます。英語では「imply」で、命題 P、Q に対して

$$P \rightarrow Q$$

のように使います。このとき、P を Q であるための十分条件、Q を P であるための必要条件といいます。また、$P \rightarrow Q$ であると同時に $Q \rightarrow P$ であることを $P \Longleftrightarrow Q$ で表し、P は Q の必要十分条件であるといいます。必要十分条件は P と Q が数学としては同じ内容を表しているということで、別に P は Q と同値であるともいいます。

「ならば」の使い方については、日常的な使い方と数学での使い方にずれがあるので注意が必要です。日常では「ならば」は因果関係を表し、「PならばQ」はPが原因でQが結果であると考えます。しかし数学では「ならば」は直接には因果関係を表さなくてもよいと考え、Pが正しくてQが正しい場合は$P \to Q$は正しいとします。

$\neg P \lor Q$を考えます。これは日本語に翻訳すれば「PでないかQのどちらかである」です。この文章を口に出して何回か唱えてみて下さい。するとこれが$\neg P$か、（もしPならば）Qである」と同じ内容であることが分かると思います。$\neg P \lor Q$と$P \to Q$とは同じ内容を表しているのです。ところで、もしPが間違っているなら、$\neg P$は正しいので、$\lor$の決め方から、$\neg P \lor Q$は正しくなり、したがってそれと同じ内容の$P \to Q$も正しくなります。つまり、$P \to Q$はPが間違っている場合は常に（Qが正しいかどうかには関係なく）正しくなる。これは日常的な感覚では少し奇妙な感じがするかも知れません。

たとえば

$2+3=4$ならば$3+4=7$である

$$2+3=4 \text{ ならば } 3+4=6 \text{ である}$$

はどちらも数学的には正しい内容なのです。これは普通は「間違った仮定からはなんでも証明できる」という形で知られていることでした。

(5) ∀

この記号は「任意の、すべての」と読み

$$\forall x P(x)$$

のように使います。すべてのxについて性質$P(x)$が成り立つ、あるいは、任意のxについて性質$P(x)$が成り立つという意味です。日本語では全称記号ともいいます。高等学校までの数学でも、すべての～について、～が成り立つという命題は出てきましたが、記号∀を使うことはないようです。しかし、これは便利な記号なので省略記号として使うといいのではないでしょうか。記号∀は英語のall, anyの頭文字Aをひっくり返したものです。

▼例

すべての x について $|x| \geqq x$ が成り立つ、は

$$\forall x(|x| \geqq x)$$

と書けます。

また、少し条件をつけた場合も∀を使うことがあります。

▼例

$$\forall a>0,\ \forall b>0 \text{ について } \frac{a+b}{2} \geqq \sqrt{ab}$$

これはすべての数ではなくて、すべての正数に対して相加平均と相乗平均の関係をあらわしています。この表現は関数の連続性でもう一度紹介します。

(6) ∃

この記号は「存在する、がある」と読み

$$\exists x P(x)$$

のように使います。性質 $P(x)$ をもつ x が存在する、性質 $P(x)$ が成り立つような x があるという意味です。この記号も進んだ数学では大変によく使われる記号ですが、高等学校までの段階では、存在を問題にすることがほとんどないので、使われる場面は少ないようです。また、存在が問題となる場合でも高校ではこの記号は使いません。∀、∃は数学のもっとも基底を支える概念である、「連続」を正確に定義するために使われるのが、その典型例です。記号∃は英語の exist の頭文字Eを裏返したものです。

関数 $y=f(x)$ は、x の変化量を少しに押さえれば、y の変化量をいくらでも小さく押さえ込めるとき、連続であるといいます。直感的にはグラフが一つながりになっているということにほかなりませんが、連続性の数学的な定義がこの考え方です。y の変化量を一定以内に押さえ込めるかと問われて、「はい。x の変化量をこれくらいにしておけば、yの変化量はその範囲に収まります」と答えることができるとき、関数は連続であるというのです。

この文章では「少しに押さえれば」とか「いくらでも小さく」といった感覚的な言葉が出てきますが、この感覚的な言葉を数学記号を使って取り除くことで数学での連続性の定義ができます。これをlimのところで少し触れたように、数学ではε-δ論法といいます。これは数学が厳密化する第一歩でした。

では、ε-δ論法を使って、関数$y=f(x)$が$x=a$で連続であるという概念を、日本語とそれを記号化した数学語で述べてみます。

任意の$\varepsilon>0$に対して、ある$\delta>0$が存在して、

$$|x-a|<\delta \quad \text{なら} \quad |f(x)-f(a)|<\varepsilon$$

となるとき、関数$y=f(x)$は$x=a$で連続であるという。

いささかぎこちない日本語ですが、それはこの文章が数学語を日本語に直訳しているからです。もう少しかみ砕いた日本語にすれば

任意の正の数 ε に対していつでも

$$|x-a|<\delta \quad \text{なら} \quad |f(x)-f(a)|<\varepsilon$$

となるような正の数 δ がとれるなら、関数 $y=f(x)$ は $x=a$ で連続であるという。

この数学語の原文は次の通りです。

$$\forall\varepsilon>0\ \exists\delta>0(|x-a|<\delta\to|f(x)-f(a)|<\varepsilon)$$

この原文は読み慣れないうちは、その意味が取りにくく難しいと感じられるかも知れませんが、それはすべての外国語学習の場合と同じで、繰り返しトレーニングしているうちに、この記号による文章の方が、日本語よりすっきりと厳密に連続性を定義していると感じられるようになります。∀と∃の使い方を鑑賞して下さい。

4.6

∈ ∋ ⊇ ⊆ ∩ ∪ ∅ ℵ

【読み】「∈」は元である、逆に見ると「∋」は元として持つと読む。集合の関係は「⊇」含む、「⊆」含まれる、「∩」は共通部分、「∪」は和集合と読む。特別な集合として元を持たない集合を∅で表し、空集合と読む。集合論独特の記号としてℵ（ヘブライ文字）があり、アレフと読む。

【意味】 読みで示したとおりで、$x \in X, X \ni x$ は x が集合 X の元であることを示す。共通部分、和集合の意味も日本語の通りである。ℵは集合の元の多さ（濃度とか基数ともいう）を表す記号として用いられる。

【使用例】 N を自然数の集合とすると、$27 \in N$。

P を素数の集合、X を10以下の自然数の集合とすれば、$P \cap X = \{2, 3, 5, 7\}$ $X \subset N$ などとなる。

自然数の集合 N の元の多さ（濃度、基数）を普通は $\aleph_0$ で表す。これは最小の無限基数である。

数学を本格的に学びはじめると、数学概念のほとんどを集合という手段を使って記述するようになります。集合は数学のもっとも基礎を支えている大切な概念で、19世紀末にG・カントルという数学者によってきちんとした定義が与えられました。カントル以前にも数学は数の集まりなどを研究対象にしてきましたが、それを集合として明確に数学の中に位置づけたのがカントルでした。

集合という用語こそ出てきませんが、小学校算数の中にも、中学校数学の中にも集合の考え方はきちんと組み込まれています。ただ、集合特有の記号が出てくるのは高校数学以降です。ではその典型的な記号をいくつか説明しましょう。

(1) ∈、∋

集合とはある（数学的な）性質を持ったものをひとまとめに集めたものをいいます。集合の表し方は、その中に入っているものを全て列挙する方法（外延的記述）と、まとめ役になっている性質を書く方法（内包的記述）の二通りがあります。集合をアルファベットの大文字X、Y、A、Bなどで表します。実数や自然数の集合の場合は特定のアルファベットRやNを使うことが多いです。それぞれ、real number, natural number の頭文字です。集合は｛ ｝を使って、その集合に入る要素を示すのが普通です。

▼例　**$A = \{1, 2, 3, 4, 5, 6, 7, 8, 9\}$**　**$X = \{x | x$ は9以下の自然数$\}$**

前者が外延的記述で、後者が内包的記述です。ところで、この二つの集合は同じものです。

集合の要素を集合の元（げん）といい、ある元xが集合Xの要素であることを

$x \in X$　あるいは、$X \ni x$

で表します。それぞれ「xは集合Xの元である」「xは集合Xに入る」「集合Xはxを元として持つ」「集合Xはxを元として含む」などと読みます。前の例でいえば

$7 \in X$

です。また、「要素である」の否定を$\notin$で表し「要素でない」と読みます。

$$10 \notin X$$

です。

(2) ⊆、⊇

二つの集合X、Yの関係は、「まったく一致する場合」「片方が片方の一部分である場合」「お互いに共通部分がある場合」「まったく無関係の場合」の四通りがあります。

二つの集合X、Yがまったく一致するのはそれらに含まれている元が同一の場合で、式で表せば、

$$a \in X \Longleftrightarrow a \in Y$$

です。すなわち、もう少し分解して書くと

$$a \in X \text{ ならば } a \in Y \quad \text{かつ} \quad a \in Y \text{ ならば } a \in X$$

ということで、これは二つの集合がまったく同じものであることを示す証明に使われます。このとき$X = Y$と書きます。さきほどの

例　$A = \{1, 2, 3, 4, 5, 6, 7, 8, 9\}$　$X = \{x \mid x$ は9以下の自然数$\}$

がこの定義に当てはめて、$A = X$となることを確かめて下さい。

片方が片方の一部分である場合、たとえばXに入る要素は必ずYにも入っています。式で書くと

$$a \in X \rightarrow a \in Y$$

で、これを$X \subseteq Y$や$Y \supseteq X$と書き、XはYの部分集合である、XはYに含まれる、YはXを含むなどと読みます。一つだけ注意しておくと、$a \in X \rightarrow a \in X$はいつでも成り立ちますから、$X \subseteq X$となり、$X$は自分自身の部分集合になっています。これも一種の数学方言で一部分といっても、まったく同じ場合も含みます。ですから、最初の場合分けは、「片方が片方の一部分である場合、ただしまったく一致する場合

も含む」としたほうが、数学の用語としては正確です。

ですから、

$$X \subseteq Y \wedge Y \subseteq X \iff X = Y$$

が成り立っています。お互いがお互いに含まれるなら一致するほかないと考えると、当たり前のような気もしませんか。

▼例　$X = \{x \mid x$ は10以下の素数$\}$, $Y = \{1, 2, 3, 4, 5, 6, 7, 8, 9, 10\}$ とすれば $X \subset Y$

▼例　$X = \{x \mid x$ は4で割ると1余る数$\}$, $Y = \{x \mid x$ は奇数$\}$ とすれば $X \subset Y$

(3) ∩、∪

いくつかの集合を同時に考えるとき、それらの集合のどれかに含まれる元の全体とか、それらの集合に共通に含まれる元の全体などを考えることがあります。

二つの集合X、Yについて、そのどちらかに含まれる元の全体をXとYの和集合といい、

$$X \cup Y$$

と書きます。論理記号で書けば

$$X \cup Y = \{x \mid (x \in X) \vee (x \in Y)\}$$

となります。また、XとYのどちらにも含まれている元の全体をXとYの共通部分といい、

$$X \cap Y$$

と書きます。これも同様に

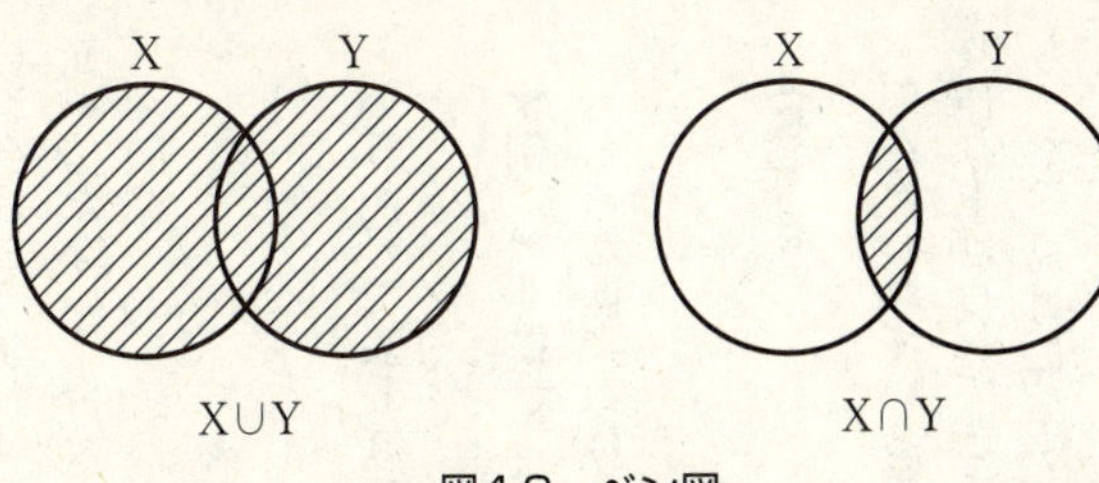

図4.8　ベン図

$$X \cap Y = \{x \mid (x \in X) \wedge (x \in Y)\}$$

です。

この関係はよく、次のような図で表されます。これをベン図といいます。

なお、三つ以上の集合の和、共通部分についてはΣにならって

$$\bigcup_{i=1}^{n} X_i,\ \bigcap_{i=1}^{n} X_i$$

という記号を用いることがあります。

(4) ∅

集合とはある性質を持ったものの集まりであるといいました。すると、そのような性質を持つものが一つもな

い場合はどうすればいいのか。数学ではそのような場合も集合になるとして、一つも元を持たない集合を考えました。これを空集合といい、

$$\emptyset$$

という記号で表します。空集合はどんな集合の部分集合にもなると考えます。

▼例 $X=\{x \mid x$ は3以上の偶素数$\}$

もちろん偶素数は2しかないので、この集合に入る数はなく、$X=\emptyset$。

(5) ℵ

現在使われている数学記号の多くはギリシア・ヨーロッパ数学の発展の中で考えられ作り上げられてきました。ですから、数学記号の中には英語の頭文字をとったものも多く、説明した∀、∃などはその例です。また積分記号$\int$は英語の和を表すsumの頭文字を引き延ばしたもので、区分求積法が長方形の和をとっていることに

由来します。

そのような数学記号の中で、アルファベット以外で使われる記号が $\aleph$ です。この記号はヘブライ文字で、ギリシア文字のアルファにあたり「アレフ」と読みます。$\aleph$ は集合の大きさを測る濃度を表す記号として使われます。

二つの集合 X と Y はそれらの元の間に１対１の対応がつくとき、同等であるといい、X と Y の大きさが等しいと考えます。有限集合の場合は集合 $\{1, 2, 3, \cdots, n\}$ と同等な集合の元の個数が n ですが、これを無限集合の場合に拡張し、自然数の集合 $\{1, 2, 3, 4, \cdots\}$ と同等な集合の濃度（基数）を記号 $\aleph_0$ で表します。これは最小の無限濃度で、数え上げられる無限という意味で可算無限と呼びます。無限の大きさは $\aleph_0$ を出発点とし、以下 $\aleph_1$, $\aleph_2$, $\aleph_3$, …と無限に続いていくのです。添え字を付けずに $\aleph$ と書くと、実数の無限を表すことがあります。

【220ページ、パズルの解答】

箱1の文章が正しいとすると、箱2の文章は間違っているから、宝物は箱2の中にある。箱1の文章が間違っているとすると、箱2の文章も間違いだから宝物は箱2の中にある。

いずれにしても宝物は箱2の中にある。

おわりに

本書では小学校の数学（算数）から始まって、私たちが日常生活の中で普通に使う、数記号、四則演算記号、少し高度な√記号、もう少し進んで、和の記号、特別な関数の記号、微分積分学の記号、組み合わせの記号などについてその読み方と意味、簡単な使い方を紹介しました。

最後の章は少し数学に踏み込んで、大学初年時に学ぶ偏微分記号、重積分記号、行列の記号、論理と集合の記号などを説明しましたが、数学を学ぶ人、あるいは初歩の数学書を読もうとする人はここで紹介した記号の読み方、意味などを知っていれば、普通の数学書を読むには十分だと思います。論理記号などは、おそらくごく一般の方は記号としては使うことはないのではないかと思います。

しかし、本文中でも述べたように、数学記号は今までに私たちが作り上げた普遍記号、世界共通語としてはもっとも成功したものです。数学の内容を記号化して表現することによって、私たちは共通の世界言語を持つことができたのです。数学記号が世界言語として成功したのは、それが私たちの共通概念を簡明に正確に表現できたからです。

数学記号は決して数学者という一部の人間が、ほかの人に分からないように自分たちの秘密結社の呪文をやり取りするための、秘技めいたオカルトの記号ではありません。文章の中に数式が出てくるだけでその文章を敬遠してしまうのは、本当にもったいないことです。数式は、文章をわざと難解にしているわけではありません。ましてや一種の暗号として使われるわけでもありません。数式で表現した方が分かりやすく、間違いが少ないからこそ、数式を使って表現しているのです。それはさまざまな概念にまつわる夾雑物(きょうざつぶつ)を取り除き、物事の本質が透明感を持って伝わるように工夫されている言語なのです。

本書が、数式交じりの文章を読むための字引の役割を果たしてくれることを願っております。

2013年9月

瀬山士郎

文庫版おわりに

本書『読む数学記号』は、角川ソフィア文庫で三冊目となる「読む数学」シリーズの一冊です。この本は放送大学での数学の学びをもとにして出来上がりました。

放送大学での講義が終わった後、何人かの受講生が集まり、もう少し数学を学びたい、楽しみたいという希望があり、数学同好会を立ち上げました。同好会では数学書を読んだり、会員が持ち寄ったいろいろな問題を解いたりして数学を楽しんでいます。放送大学には様々な経歴を持った人が、大学生として集まっています。大学の学生なのですが、ほとんどの方はすでに理系、文系を問わずいろいろな職業を経験していて、とても話題が豊富です。一つの数式や問題をもとにして、様々に話が発展し、また、なぜそうなるのか、この式の意味は何かという議論も活発に交わされます。

そんな中で最初の一時間ほどは数学書を輪読します。これは文字通りの輪読で、数学書を音読しながら、分かり難い箇所や数式などを皆で考えていくのです。数学書を音読するという経験はなかったのですが、とても新鮮に感じました。繰り返し音読することで難しかった数式の意味が見えてくる。以前、世界的数学者の故・小平邦彦（こだいらくにひこ）氏（1915－1997）が、最初分からなかった数学も、何回かノートに書き写してみると内容が分かってくる、という意味のことを書いていましたが、その音読版です。「読書百遍義自ずから通ず」の読書とは音読のことだという説もあるようです。

その時、一人で黙読しているときはいいが、音読するとなると数学記号の読み方が難しい、どう読んだらいいのかという質問がありました。数学書は数学記号交じりの言葉を使って書かれています。数学記号も言葉です。しかも世界共通の言葉としてもっとも成功した言語です。言葉は意味と同時に発音も大切でしょう。数学記号も同じで、発音されることによって共有の言葉となっていく側面もあるようです。

本書はそんな放送大学の皆さんの意見も取り入れて、数学記号の読み方と意味を解説した一種の辞書です。多くの辞書は単語の表記、読み方と同時に言葉の意味、その使用方法の例などを解説しています。本書もそれにならって、数学記号の読み方や意味、使用方法の例を解説した本です。数学の専門領域にはあまり踏み込まず、小学生が初めて接する記号から出発し、中学校、高等学校で学ぶ数学のための記号、そして、大学初年時に多くの学生がその専門を問わずに学ぶ基礎としての微分積分学や線形代数学、論理と集合の記号までを解説しました。

本書が文庫本として多くの皆様の手に渡ることはとても嬉しいことです。文庫化を快く承諾してくださった技術評論社の佐藤丈樹さん、また、文庫化に際してお世話になったＫＡＤＯＫＡＷＡの大林哲也さんに心から感謝すると同時に、この本を書くきっかけを与えてくださった、放送大学群馬学習センターの数学同好会の皆様に厚くお礼申し上げます。

２０１７年10月

瀬山士郎

参考文献

1.『数字と数学記号の歴史』大矢真一、片野善一郎 著（裳華房）
少し古い本（1978年初版）だが、数学記号の歴史を調べるには欠かせない文献。本書では主に数学記号の現代的な使い方を説明し、その歴史にはほとんど触れることができなかったが、小学校での演算記号から始まって、幾何学の記号、微分積分学の記号まで、その歴史に触れることができる。最終章では和算の記号についても触れている。残念ながら本書は絶版なので、関心がある方は図書館などで探してみて下さい。

2.『数学用語と記号ものがたり』片野善一郎 著（裳華房）
『数字と数学記号の歴史』はどちらかというと数学や数学教育の専門家にむけた本だったが、本書『数学用語と記号ものがたり』はそれをもう少しかみ砕いた本である。ものがたりとあるように、読み物として面白く読めることにも注意を払っている。『数字と数学記号の歴史』が少し専門的すぎると感じる方には本書のほうが向いていると思う。広く一般の数学愛好家に読まれて欲しい本である。

3.『なっとくする数学記号』黒木哲徳著（講談社）

副題が「記号からわかる算数から微積分まで」となっていて、ほぼ本書と同じ構成の本である。小・中・高と学校別にはせず、高校卒業時までに学ぶ数学の中に出てくる記号を読み切りの形で解説している。使用例には深くは踏み込んでいないが、後半ではかなり本格的に数学を展開している。数学史的な解説も多く、現在数学を学んでいる人にも、もう一度数学を学びたい人にも参考になる。

4.『カッツ数学の歴史』ヴィクターJ.カッツ著（共立出版）

数学史の本はたくさん出ていて、定評ある名著も多いが、本書は数学史の事典としても使える大著。大判の本で索引も入れて900ページを越え、通読するのは大変というか、通読する本ではないが、必要事項だけを拾い読みしても十分に得るところがある本。

5.『岩波　数学入門辞典』青本和彦他編（岩波書店）

6.『新数学事典』一松信・竹之内脩編（大阪書籍）

右記二冊の本は辞典（事典）で必要になったときに調べる本。専門の数学辞典（岩波書店）もあるが、こちらは数学の専門家が読む本で、上の二冊は数学の内容をもう少し易しく記述してある。とくに6は小学校で学ぶ数学（算数）についての項目も充実していて、魔方陣、虫食い算などのパズルの解説もある、読んでいて面白い事典である。

7.『読む数学』瀬山士郎 著（角川ソフィア文庫）

数学用語事典だが、項目仕立てではなく、「数と計算」「文字と方程式」などの章立てのなかに、数学用語を埋め込んで解説した本。数学の内容についての本格的な解説はないが、その分気軽に読めて、数学用語の意味の概略を知ることができる。数学に興味・関心がある人なら誰でも読めると思う。

本書は、2013年11月に技術評論社から刊行された単行本『数学記号を読む辞典　数学のキャラクターたち』を改題のうえ文庫化したものです。

読む数学記号

瀬山士郎

平成29年 11月25日　初版発行

発行者●郡司 聡

発行●株式会社KADOKAWA
〒102-8177　東京都千代田区富士見2-13-3
電話 0570-002-301（ナビダイヤル）

角川文庫 20665

印刷所●株式会社暁印刷　製本所●株式会社ビルディング・ブックセンター

表紙画●和田三造

ISBN978-4-04-400329-6　C0141

角川文庫発刊に際して

角川源義

第二次世界大戦の敗北は、軍事力の敗北であった以上に、私たちの若い文化力の敗退であった。私たちの文化が戦争に対して如何に無力であり、単なるあだ花に過ぎなかったかを、私たちは身を以て体験し痛感した。西洋近代文化の摂取にとって、明治以後八十年の歳月は決して短かすぎたとは言えない。にもかかわらず、近代文化の伝統を確立し、自由な批判と柔軟な良識に富む文化層として自らを形成することに私たちは失敗して来た。そしてこれは、各層への文化の普及滲透を任務とする出版人の責任でもあった。

一九四五年以来、私たちは再び振出しに戻り、第一歩から踏み出すことを余儀なくされた。これは大きな不幸ではあるが、反面、これまでの混沌・未熟・歪曲の中にあった我が国の文化に秩序と確たる基礎を齎らすためには絶好の機会でもある。角川書店は、このような祖国の文化的危機にあたり、微力をも顧みず再建の礎石たるべき抱負と決意とをもって出発したが、ここに創立以来の念願を果すべく角川文庫を発刊する。これまで刊行されたあらゆる全集叢書文庫類の長所と短所とを検討し、古今東西の不朽の典籍を、良心的編集のもとに、廉価に、そして書架にふさわしい美本として、多くのひとびとに提供しようとする。しかし私たちは徒らに百科全書的な知識のジレッタントを作ることを目的とせず、あくまで祖国の文化に秩序と再建への道を示し、この文庫を角川書店の栄ある事業として、今後永久に継続発展せしめ、学芸と教養との殿堂として大成せんことを期したい。多くの読書子の愛情ある忠言と支持とによって、この希望と抱負とを完遂せしめられんことを願う。

一九四九年五月三日

角川ソフィア文庫ベストセラー

食える数学　神永正博

ICカードには乱数、ネットショッピングに因数分解、石油採掘とフーリエ解析——。様々な場面で数学は役立っている！　企業で働き数学の無力さを痛感した研究者が見出した、生活の中で活躍する数学のお話。

数学の魔術師たち　木村俊一

カントール、ラマヌジャン、ヒルベルト——天才的数術師たちのエピソードを交えつつ、無限・矛盾・不完全性など、彼らを駆り立ててきた摩訶不思議な世界を、物語とユーモア溢れる筆致で解き明かす。

はじめて読む数学の歴史　上垣渉

数学の歴史は〝全能神〟へ近づこうとする人間的営みだ！　古代オリエントから確率論・解析幾何学・微積分法などの近代数学まで。躍動する歴史が心を魅了し、知的な面白さに引き込まれていく数学史の決定版。

無限の果てに何があるか　現代数学への招待　足立恒雄

そもそも「数」とは何か。その体系から、「1＋1はなぜ2なのか」「虚数とは何か」など基礎知識や、非ユークリッド幾何、論理・集合、無限など難解な概念まで丁寧に解説。ゲーデルの不完全性定理もわかる！

ゼロからわかる虚数　深川和久

想像上の数である虚数が、実際の数字とも関係してくるのはなぜ？　自然数、分数、無理数……小学校のレベルから数の成り立ちを追い、不思議な実体にせまる！　摩訶不思議な数の魅力と威力をやさしく伝える。

角川ソフィア文庫ベストセラー

空気の発見　三宅泰雄

空気に重さがあることが発見されて以来、様々な気体の種類や特性が分かってきた。空はなぜ青いのか、空気中にアンモニアが含まれるのはなぜか――。身近な疑問や発見を解き明かし、科学が楽しくなる名著。

失敗のメカニズム　忘れ物から巨大事故まで　芳賀繁

物忘れ、間違い電話、交通事故、原発事故――。当人の能力や意図にかかわらず引き起こされてしまう失敗を「ヒューマンエラー」と位置付け、ミスをおかしやすい人や組織、環境、その仕組みと対策を解き明かす！

宇宙「96％の謎」　宇宙の誕生と驚異の未来像　佐藤勝彦

時空も存在しない無の世界に生まれた極小の宇宙。それは一瞬で爆発的に膨張し火の玉となった！　高精度観測が解明する宇宙誕生と未来の姿、そして宇宙の96％を占めるダークマターの正体とは。最新宇宙論入門。

アスリートの科学　身体に秘められた能力　小田伸午

世界の一流アスリートの動きは、頭の中の錯覚を削ぎ落とし、感覚を研ぎ澄ますことから生まれる。アスリートたちが見せる驚きのパフォーマンスの事例を挙げ、科学と感覚の両面から、身体運動の不思議に迫る。

生物にとって時間とは何か　池田清彦

生命の核心をなす生物固有の時間とは。突然変異を呼び込むDNA複製システムや、未知のウイルスに備える免疫システムなど、未来を探る生物の姿を紹介。時間の観点から生物学の新たな眺望を拓く根源的生命論。